Sitzungsberichte
der Akademie der Wissenschaften
der DDR
Mathematik – Naturwissenschaften – Technik

11N

1980

Ulrich Messerschmidt

Untersuchungen zur Versetzungskinetik und -dynamik bei der plastischen Verformung

AKADEMIE-VERLAG · BERLIN

THEORIA CUM PRAXI

Sitzungsberichte
der Akademie der Wissenschaften
der DDR
Mathematik - Naturwissenschaften - Technik

Jahrgang 1980 · Nr. 11/N

Ulrich Messerschmidt

Untersuchungen zur Versetzungskinetik und -dynamik bei der plastischen Verformung

AKADEMIE-VERLAG · BERLIN
1981

Vortrag von Ulrich Messerschmidt,
Dr. rer. nat., Institut für Festkörperphysik und Elektronenmikroskopie der Akademie der Wissenschaften der DDR,
auf der Sitzung der Klasse Werkstofforschung
der AdW der DDR am 13. September 1979

Herausgegeben im Auftrage
des Präsidenten der Akademie
der Wissenschaften der DDR
von Vizepräsident Prof. Dr. Heinrich Scheel

Erschienen im Akademie-Verlag, 108 Berlin, Leipziger Str. 3-4

Lizenznummer: 202 · 100/301/80
Gesamtherstellung: VEB Druckhaus Köthen
Bestellnummer: 762 879 4/2010/80/11/N) · LSV 1185
Printed in GDR
DDR 4,50 M

Einleitung[1]

Die Fragen der Versetzungskinetik und -dynamik stellen einen Teilaspekt des Problems der Fließspannung der meisten kristallinen Materialien dar. Die Parameter des plastischen Fließens und des Bruches bestimmen zusammen die in einer Konstruktion nutzbare Festigkeit eines Werkstoffs. Das plastische Verhalten der Festkörper wird häufig durch die sogenannte Verformungskurve beschrieben. In der Verformungskurve wird die zur Weiterverformung einer

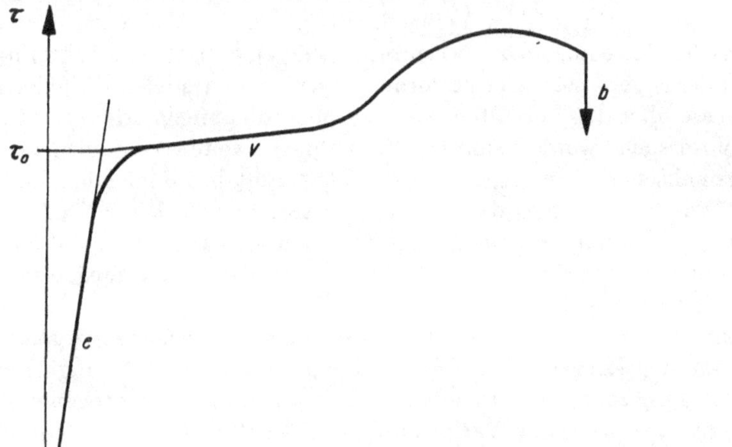

Abb. 1 Spannungs-Dehnungs-Kurve. τ Schubspannung, ε Dehnung, τ_0 kritische Schubspannung (kritische Fließspannung), e elastischer Bereich, v plastische Bereiche mit Verfestigung und Entfestigung, b Bruch

[1] Die in dieser Arbeit beschriebenen Ergebnisse wurden gemeinsam mit den Herren Dr. F. Appel und Dr. M. Bartsch erarbeitet.

Probe notwendige mechanische Spannung τ über der erzielten Dehnung ε aufgetragen. Die Verformungskurven der meisten Materialien haben bestimmte typische Eigenschaften, die in Abbildung 1 dargestellt sind. Bei kleinen Dehnungen verformt sich die Probe fast ausschließlich elastisch. Dabei steigt die Spannung etwa linear, steil an. Mit zunehmender Spannung beginnen plastische Prozesse eine Rolle zu spielen. Dadurch knickt die Verformungskurve vom elastischen Verlauf ab. Nach einem Übergangsbereich gleitet die Probe ausgiebig. Der noch vorhandene Anstieg der Fließspannung wird als Verfestigung bezeichnet. Durch Rückextrapolation des ersten Verfestigungsbereiches auf die plastische Dehnung $\varepsilon = 0$ kann man die sogenannte kritische Fließspannung τ_0 definieren. Im weiteren Verlauf der Verformung folgen meist verschiedene Verfestigungsbereiche. Vor dem Bruch der Probe kann eine Entfestigung erfolgen. Der genaue Verlauf der Verformungskurve hängt neben der Zusammensetzung und Struktur des Materials sowie der thermo-mechanischen Vorgeschichte von der Temperatur und der Verformungsgeschwindigkeit ab.

Durch die steigenden Anforderungen an die Konstruktionswerkstoffe wird von den Ingenieurwissenschaften eine immer genauere Kenntnis und Beschreibung dieser Abhängigkeit der Fließspannung von den verschiedenen Parametern gefordert. Zu diesem Ziel werden gegenwärtig im wesentlichen zwei Wege verfolgt. Der erste besteht in dem Versuch, das plastische Verhalten durch phänomenologische Beziehungen zu beschreiben, die eine mathematische Zusammenfassung der Ergebnisse vieler Verformungsversuche darstellen, die jedoch auch Rückschlüsse über das Verhalten bei Versuchsbedingungen erlauben, die nicht explizit untersucht worden sind [1, 2]. Bei dem zweiten Weg wird versucht, die physikalischen Grundlagen der die Plastizität bestimmenden Vorgänge aufzuklären. Es wird hier die Meinung vertreten, daß dieser Weg gegangen werden muß, wenn man das Fernziel der heutigen Forschung auf diesem Gebiet, nämlich die Synthese neuer Materialien mit definiert vorgegebenen Eigenschaften, erreichen will.

Die Grundlage für eine Erklärung der plastischen Verformungsvorgänge bildet das Versetzungskonzept. Danach ist die plastische Verformung eine kooperative Bewegung sehr vieler linienhafter Kristallbaufehler, der sogenannten Versetzungen. Die plastische Verformungsgeschwindigkeit $\dot{\varepsilon}$ läßt sich als Produkt aus der Dichte der beweglichen Versetzungen ϱ_m, der von der angreifenden Spannung abhängenden Versetzungsgeschwindigkeit $w(\tau)$ und dem Betrag des Burgersvektors b, der die Größe des elementaren Gleitschritts einer Versetzung angibt, darstellen [3]:

$$\dot{\varepsilon} = \varrho_\mathrm{m} w(\tau) b. \tag{1}$$

Diese Beziehung bringt den kinetischen und den dynamischen Aspekt der Versetzungsprozesse bei der plastischen Verformung zum Ausdruck. Die kinetischen Vorgänge der Versetzungsbildung, Immobilisierung und Ausheilung bestimmen die Gleitversetzungsdichte, während die Abhängigkeit der

Versetzungsgeschwindigkeit von der angreifenden Spannung durch die dynamische Wechselwirkung der Versetzungen untereinander und mit anderen Kristalldefekten bestimmt wird. Für die Versetzungsgeschwindigkeit kann man eine Arrhenius-Ratengleichung ansetzen [4, 5], so daß man die Gl. (1) auch in der Form

$$\dot{\varepsilon} = \varrho_m\, bxj \exp - \frac{\Delta G(\tau)}{kT}$$

$$= \dot{\varepsilon}_0 \exp - \frac{\Delta F^* - l\, b\, d\, (\tau - \tau_G)}{kT} \qquad (2)$$

schreiben kann. Hierbei ist j eine atomare Schwingungsfrequenz, mit der die Versetzungen gegen ihre Gleithindernisse anschwingen, und x der nach einer thermischen Aktivierung zurückgelegte Weg. Die vor der Exponentialfunktion stehenden Größen werden als nicht oder nur schwach von der Spannung abhängende Größen betrachtet und oft zu einem Vorfaktor $\dot{\varepsilon}_0$ zusammengefaßt. $\Delta G(\tau)$ ist die von den Gitterschwingungen aufzubringende Freie Aktivierungsenthalpie. Sie setzt sich aus der Freien Aktivierungsenergie ΔF^* und der von der Spannung bei der Hindernisüberwindung geleisteten Arbeit zusammen. Diese läßt sich als Produkt aus der sogenannten Aktivierungsdistanz d, das ist ein effektiver Hindernisdurchmesser, und der am Hindernis angreifenden Kraft f^* als $d \cdot f^*$ schreiben. Die Kraft f^* entsteht durch das Ausbauchen der Versetzungen zwischen den Hindernissen unter der angreifenden effektiven Spannung τ^*. Bei einem Abstand l zwischen den Hindernissen, an denen die Versetzung festgehalten wird, ist $f^* = lb\tau^*$. d, l und b können zum Aktivierungsvolumen v zusammengefaßt werden, $v = ldb$. Die effektive Spannung τ^* ist die Differenz zwischen der an der Probe angreifenden äußeren Spannung τ und einer Spannungskomponente τ_G, die die äußere Spannung abschirmt und durch die weitreichende Wechselwirkung mit anderen Versetzungen und Versetzungsgruppen zustande kommt, $\tau^* = \tau - \tau_G$ [6].

Nach der vereinfachten Darstellung der plastischen Fließgeschwindigkeit durch eine Ratengleichung (Gl. (2)) lassen sich besonders drei Problemkreise erkennen. 1.) Die inneren weitreichenden Spannungen τ_G. Zu ihrer Abschätzung muß die Dichte der Versetzungen im Kristall und die gegenseitige Anordnung bekannt sein. Probleme dieser Art werden in dem vorliegenden Artikel nicht behandelt. 2.) Die Gleitversetzungsdichte ϱ_m. Sie stellt sich durch die kinetischen Prozesse der Versetzungsbildung und Immobilisierung ein. 3.) Die Aktivierungsparameter ΔG, ΔF^* und v. Sie bestimmen im Bereich mittlerer Versetzungsgeschwindigkeiten die Versetzungsdynamik.

Zur Ratengleichung Gl. (2) und zur Aufteilung in die drei Problemgruppen sollen noch einige Bemerkungen gemacht werden. Die Gl. (2) ist nicht als umfassende Theorie der plastischen Verformung aufzufassen, jedoch läßt sich in einigen einfachen Fällen das Materialverhalten tatsächlich mit Gl. (2) gut beschreiben. Die auftretenden Größen haben dann auch eine relativ gut definierte mikroskopische Bedeutung. In komplizierteren Fällen kann Gl. (2) als Orientierung dienen. Die Separation in die drei Teilprobleme hat etwas willkürlichen Charakter und ist nur in einfachen Materialien sinnvoll, da alle drei Probleme eng zusammenhängen. Die Prozesse bei der Verformung haben in vieler Hinsicht statistischen Charakter. Dieser kommt in der Darstellung ungenügend zum Ausdruck. Hierauf wird später noch einmal eingegangen werden.

Vor der Beschreibung einiger Ergebnisse sollen zunächst die benutzten experimentellen Methoden kurz erwähnt werden.

Experimentelle Methoden

Makroskopische Verformungs-Wechselversuche zur Bestimmung der Aktivierungsparameter. Diese Versuche basieren auf der Gültigkeit von Gl. (2), zumindest als phänomenologische Beziehung. Bei einem sogenannten Geschwindigkeitswechsel-Versuch wird die Verformungsgeschwindigkeit in einem dynamischen Dehnversuch möglichst ruckartig geändert. Nach Gl. (2) ergibt sich dabei ein Spannungssprung, aus dem das Aktivierungsvolumen gewonnen werden kann. Die entsprechende Beziehung folgt aus Gl. (2) durch Differentiation:

$$\frac{kT}{v} = \left.\frac{\partial \tau}{\partial \ln \dot{\varepsilon}}\right|_T . \tag{3}$$

Entsprechend liefert ein Temperaturwechsel-Versuch die sogenannte experimentelle Aktivierungsenergie Q_e,

$$\frac{Q_e}{Tv} = -\frac{\partial \tau}{\partial T} . \tag{4}$$

Aus ihr kann mit Annahmen über die Entropie die Freie Aktivierungsenthalpie berechnet werden [5],

$$\Delta G = \frac{Q_e + v\tau T(1/G)\,(\partial G/\partial T)}{1 - T\,(1/G)\,(\partial G/\partial T)} . \tag{5}$$

Eine Variante des Geschwindigkeitswechsel-Versuchs ist der Spannungsrelaxations-Versuch. Hierbei wird die Verformungsmaschine während des dynamischen Verformungsversuchs möglichst ruckartig angehalten. Die Probe verformt sich unter der anliegenden Spannung zunächst weiter. Dadurch relaxiert jedoch die elastische Dehnung der Maschine und der Probe, so daß sich die Probe unter stetig geringer werdender Spannung immer langsamer verformt. Aus der Maschinengleichung des Versuchs folgt, daß die negative Rate der Spannungsänderung bis auf einen konstanten Faktor gleich der Verformungsgeschwindigkeit ist. Trägt man τ gegen ln $(-\dot{\tau})$ auf, so gibt der Anstieg in diesem Diagramm nach Gl. (3) kT/v wieder. Wenn der Relaxationsversuch ausreichend lange durchgeführt wird, kann mit einer einzelnen Relaxationskurve auch die Spannungsabhängigkeit des Aktivierungsvolumens vermessen werden.

Für eine Interpretation der Verformungs-Wechselversuche muß neben der grundsätzlichen Gültigkeit einer Ratengleichung wie Gl. (2) die Konstanz des Vorfaktors $\dot{\varepsilon}_0$ und der athermischen Spannungskomponente τ_G während des Wechsels der Versuchsbedingungen vorausgesetzt werden. Man führt deshalb möglichst umfangreiche Meßfolgen in einem weiten Bereich der Parameter durch. Durch Vergleiche zwischen verschiedenen Verfahren zur Bestimmung der gleichen Größen und andere Prüfungen der inneren Konsistenz der Meßwerte kann einmal die Gültigkeit der gemachten Voraussetzungen eingeschätzt werden. Die Versuchsreihen können außerdem das Ziel haben, weitere Größen, z.B. τ_G, zu bestimmen. Verformungs-Wechselversuche wurden an NaCl- und MgO-Einkristallen durchgeführt.

Golddekorationsmethode. Bei der Golddekorationsmethode [7, 8] wird auf eine Einkristallspaltfläche eine geringe Menge Gold im Vakuum aufgedampft. Das Gold bildet kleine Kristallite, die auf der glatten Fläche unregelmäßig angeordnet sind. An Oberflächenstufen bildet sich eine lineare Anordnung. Die Goldkristallite können in einen Graphitfilm eingebettet und nach Ablösen des Substratkristalls im Elektronenmikroskop beobachtet werden. Mit dieser Methode können die bei der Bewegung einzelner Versetzungen entstehenden monoatomaren Gleitstufen abgebildet werden. Das laterale Auflösungsvermögen liegt zwischen 50 und 100 Å. Probleme können bei der Interpretation der Ergebnisse entstehen, da von der Gestalt der Wege der Versetzungen auf der Oberfläche auf die Bewegungsvorgänge im Innern des Kristalls geschlossen werden soll. Mit der Golddekorationsmethode wurden an NaCl-Einkristallen oberflächeninduzierte Quergleitbewegungen bei der Immobilisierung der Versetzungen [9], Quergleitprozesse während des Gleitens [10, 11] und Abweichungen derGleitstufen vom kristallographischen Verlauf bei höheren Temperaturen [12, 13] untersucht.

In-Situ-Dehnversuche im Höchstspannungs-Elektronenmikroskop. Bei dieser Methode werden mit speziellen Apparaturen vollständige Dehnversuche im Höchstspannungs-Elektronenmikroskop bei gleichzeitiger Beobachtung der Versetzungsbewegung und der Änderung der Versetzungsstruktur durchgeführt. Die notwendigen Dehnapparaturen müssen sowohl die Anforderungen empfindlicher Dehnversuche als auch diejenigen der Elektronenmikroskopie erfüllen. Einige Fragen der mechanischen Dimensionierung und der Genauigkeit werden in [14] diskutiert. Für die vorliegenden Experimente wurden zwei Kipp-Dehntische entwickelt, die mit einem speziellen thermischen Antrieb ausgestattet sind, und die die Anforderungen weitgehend erfüllen [15]. Abbildung 2 zeigt den Verformungsteil einer sogenannten harten Verformungseinrichtung mit einer Maximalkraft von 15 N. Eine Aluminiumplatte (1) ist als symmetrische Anordnung von zwei Hebeln (3) ausgebildet, die bei (2) gelagert sind. Sie sind durch einen mit einer Heizwicklung versehenen Stab (4) miteinander

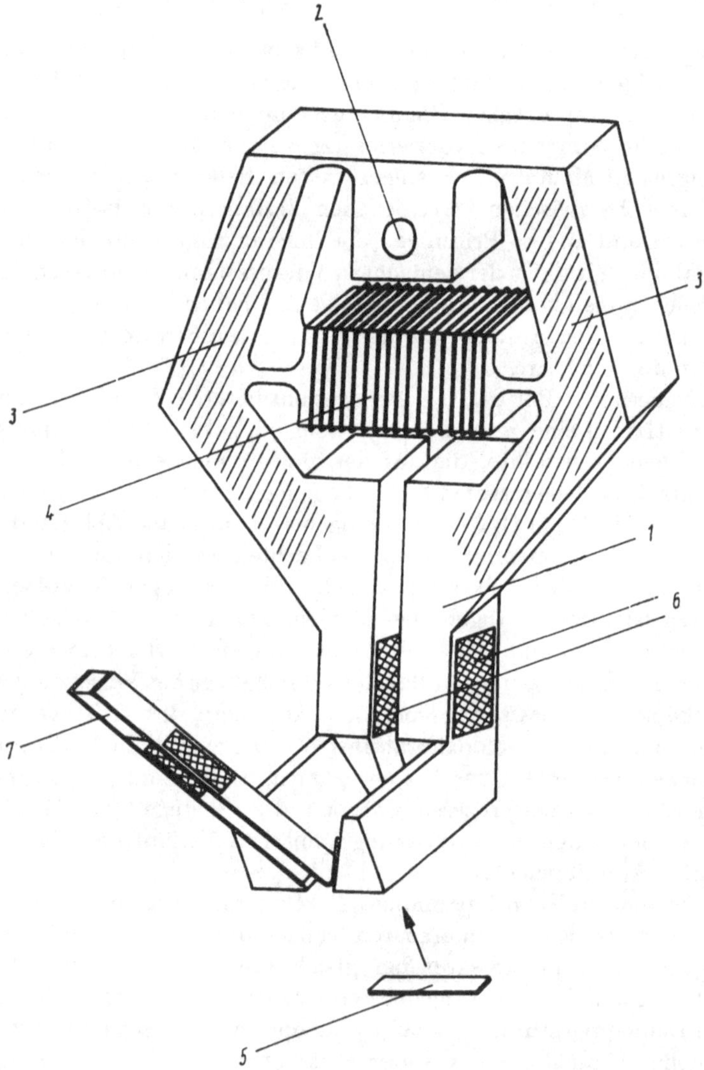

Abb. 2 Harte Dehneinrichtung für das Höchstspannungs-Elektronenmikroskop. Maximale Kraft 15 N. 1 Aluminiumplatte, 2 Befestigung, 3 wassergekühlte Hebel, 4 Stab mit Heizwicklung für thermischen Antrieb, 5 Mikro-Zugprobe, 6 Halbleiter-Dehnmeßstreifen zur Messung der Kraft, 7 Blattfeder-Anordnung mit Halbleiter-Dehnmeßstreifen zur Messung der Probenverlängerung. Aus [15]

verbunden. Dünne Teile der Aluminiumplatte dienen als Gelenke. Die Probe (5) wird auf die entsprechenden Fassungen aufgeklebt. Der Vorschub der Maschine entsteht durch die thermische Ausdehnung des geheizten Stabes (4). Die gebildete Wärme wird überwiegend in Wasserkühlungen abgeleitet (schraffierte Teile), die in die Hebel eingearbeitet sind. Auf diese Weise wird sowohl ein relativ gutes Ansprechverhalten bei gewünschten Änderungen der Kraft als auch eine gute Langzeitstabilität erreicht. Die Apparatur trägt Halbleiter-Dehnmeßstreifen zur Messung der Kraft (6) und der Probenverlängerung (7), so daß eine vollständige Verformungskurve während der Beobachtung im Mikroskop aufgenommen werden kann.

Die Proben für die In-Situ-Dehnversuche müssen bei ausreichender Stabilität für die Handhabung einen möglichst großen elektronenmikroskopisch durchstrahlbaren Bereich haben. Die maximale Dicke im durchstrahlbaren Bereich hängt vom Material ab und liegt zwischen einem und einigen Mikrometern. Die Mehrzahl der Experimente wurde an Magnesiumoxid-Einkristallen durchgeführt. Durch Spalten hergestellte dünne Scheibchen wurden durch Blenden in einem heißen Säurestrahl in mehreren Schritten auf die endgültige Probenform abgedünnt [16]. Die Anordnung des Spaltstücks in den Blenden und die erreichte Probenform sind in Abbildung 3 dargestellt.

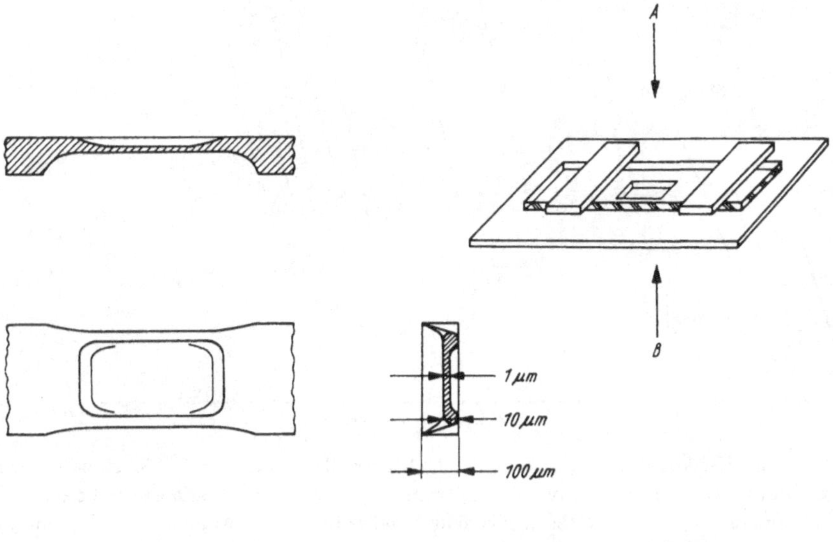

Abb. 3 Zur Präparation der MgO-Mikro-Zugproben. Oben rechts: Anordnung des MgO-Spaltstücks in den Blenden zum chemischen Abdünnen. Oben links und unten: Form der fertigen Probe. Aus [16]

Die Verformung der Proben im Mikroskop erfolgte sehr langsam, da die MgO-Kristalle sehr spröde sind. Zur Weiterverformung wurden meist kleine Lastinkremente aufgebracht und die Versetzungsbewegung danach unter Relaxationsbedingungen beobachtet. Die Versetzungskonfigurationen wurden entweder statisch auf Fotomaterial oder dynamisch auf Video-Band aufgezeichnet.

Die Interpretation der Ergebnisse der In-Situ-Versuche wird durch zwei Erscheinungen wesentlich erschwert [17]. Erstens sind die Proben immer noch so dünn, daß die durch die Oberflächen auf die Versetzungen ausgeübten Kräfte i.a. nicht vernachlässigt werden können. Oberflächeneffekte spielen besonders eine Rolle, wenn man die Entwicklung komplexer Versetzungsstrukturen im Experiment beobachten will. Aus diesem Grunde wurden die vorliegenden Versuche besonders auf die Vorgänge bei der Bewegung einzelner Versetzungen gerichtet. Noch größere Probleme entstehen durch die Bildung von Strahlenschäden durch den abbildenden Elektronenstrahl. Bei den MgO-Kristallen ist

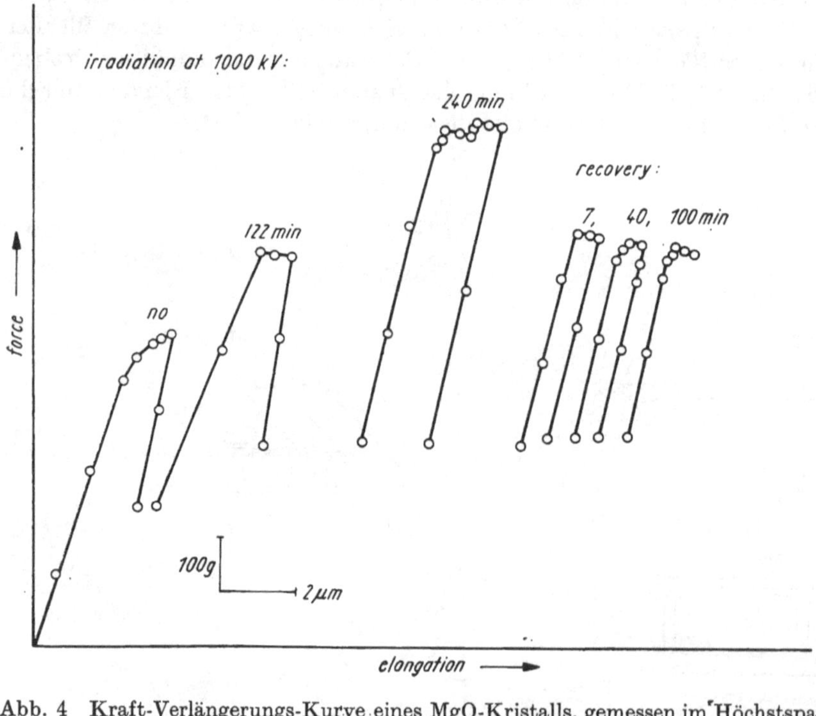

Abb. 4 Kraft-Verlängerungs-Kurve eines MgO-Kristalls, gemessen im Höchstspannungs-Elektronenmikroskop zum Nachweis der Strahlenverfestigung. Abszisse: Probenverlängerung, Ordinate: Kraft. Der erste Kurvenzug beschreibt eine Messung der Fließspannung ohne Bestrahlung (Referenzzustand), die beiden folgenden entsprechen einer Bestrahlung mit Elektronen mit 1000 kV Strahlspannung und den angegebenen Bestrahlungszeiten. Die letzten drei Kurven geben das Ausheilverhalten der Verfestigung nach dem Abschalten des Elektronenstrahls wieder

die Wirkung der Strahlenschäden im Gegensatz zu einigen anderen Materialien nicht direkt im Bild sichtbar. Sie kann jedoch als Volumeneffekt mit Hilfe von im Mikroskop aufgenommenen Verformungskurven nachgewiesen werden [18]. Abbildung 4 zeigt ein Beispiel. Die Probe wurde zunächst ohne eingeschalteten Elektronenstrahl verformt und dabei die Fließspannung gemessen. Danach wurde der Strahl eingeschaltet, und nach unterschiedlichen Wartezeiten wurde die Probe weiterverformt und erneut die Fließspannung gemessen. Wie die Abbildung zeigt, wird die Fließspannung durch den Elektronenstrahl deutlich erhöht. Die Erhöhung heilt nach dem Abschalten des Strahls relativ schnell wieder teilweise aus. Zur Klärung von Einzelheiten der Strahlenverfestigung von MgO-Kristallen im Höchstspannungs-Elektronenmikroskop müssen noch weitere Experimente durchgeführt werden. Obwohl die Strahlenverfestigung nicht zu einer wesentlichen Behinderung der Versetzungsbewegung im Bildfeld des Mikroskops führt, müssen die Effekte bei der quantitativen Interpretation berücksichtigt werden.

Kinetik der Versetzungsdichte

Wie schon oben beschrieben wurde, wird die Einstellung einer bestimmten Gleitversetzungsdichte und auch der totalen Versetzungsdichte durch das kinetische Wechselspiel zwischen Versetzungsbildung, -immobilisierung und -ausheilung bestimmt. Bei Annahme bestimmter Mechanismen für die erwähnten Prozesse können die Versetzungsdichten wenigstens näherungsweise durch Bilanz-Gleichungen ähnlich denen in der Reaktionskinetik beschrieben werden. Hier soll besonders auf die Versetzungsbildung eingegangen werden, da die beteiligten Prozesse den verwendeten Methoden besonders zugänglich sind. Außerdem dominiert im Anfangsstadium der Verformung die Versetzungsbildung als dichtebestimmender Prozeß, denn die Immobilisierung und Ausheilung sind Prozesse höherer Ordnung und spielen deshalb erst bei größeren Versetzungsdichten eine Rolle.

Der wichtigste Bildungsmechanismus für die Versetzungen ist wahrscheinlich die Multiplikation während der Gleitung durch den Doppelquergleitmechanismus nach Koehler [19], Orowan [20] und Johnston und Gilman [21], der in Abbildung 5 schematisch dargestellt ist. In der Abbildung ist die Bildebene mit der Gleitebene der Versetzung identisch. Abbildung 5a zeigt eine Versetzung mit großem Schraubenversetzungsanteil. Ein Teil dieser Versetzung kann durch Quergleiten die Originalgleitebene verlassen (Abb. 5b). Die Teile in der ursprünglichen Gleitebene und das quergeglittene Segment sind dann durch sogenannte Sprünge (engl. Jogs) miteinander verbunden. Die Sprünge sind in der Abbildung stark gezeichnet und sind in der Gleitrichtung der Versetzung nicht gleitfähig. Deshalb baucht sich die Versetzung bei der weiteren Vorwärtsbewegung zwischen den Sprüngen aus (gestrichelte Lage in Abb. 5b). Der weitere Verlauf des Vorgangs hängt von der Höhe h der Sprünge, die man

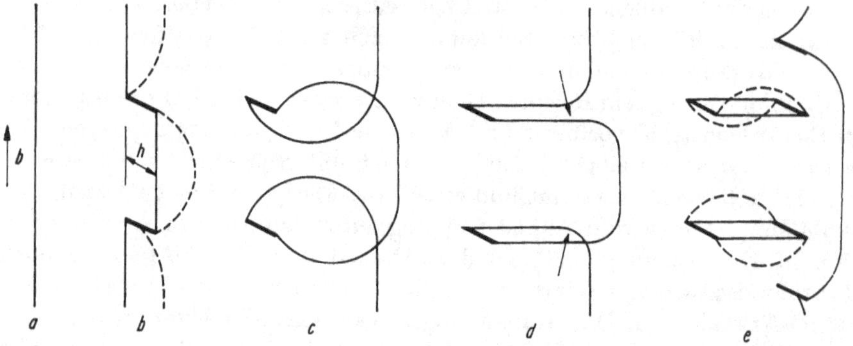

Abb. 5 Versetzungsvervielfachung nach dem Doppelquergleit-Mechanismus [19, 20, 21]

hier auch als Quergleitdistanz bezeichnen kann, ab. Ist die Sprunghöhe größer als eine kritische Höhe h_c, dann können sich die in Nachbarschaft tretenden Stufenversetzungssegmente (in der Abbildung waagerecht verlaufend) aneinander vorbei bewegen. Die Versetzung bildet in der neuen Gleitebene einen an den Sprüngen verankerten Ring (Abb. 5c), während sich die Ausgangsversetzung durch Annihilierung der sich begegnenden Stufenversetzungssegmente wieder von den Sprüngen lösen kann. Bei kleineren Sprunghöhen rasten die an die Sprünge angrenzenden Segmente zunächst in Gleichgewichtslagen ein und bilden Stufenversetzungsdipole (Abb. 5d). Diese können dadurch von der Versetzung abgeschnürt werden, daß sich an den durch Pfeile gekennzeichneten Stellen wieder Sprünge bilden, die sich dann längs der Versetzung von den Dipolen wegbewegen (Abb. 5e). Bei einer späteren Erhöhung der angreifenden Spannung können sich die Dipole öffnen und ebenfalls zur Neubildung von Gleitversetzungsringen beitragen (Abb. 5e, gestrichelte Linien). Die kritische Sprunghöhe ist durch die Spannung gegeben, bei der die Arme eines Stufenversetzungsdipols gleicher Höhe voneinander getrennt werden können,

$$h_c = \frac{Gb}{8\pi(1-\nu)\tau}\,. \qquad (6)$$

ν ist die Poisson'sche Zahl. Bei einer Quergleitbewegung eines durch die Kristalloberfläche durchstoßenden Segments entsteht nur ein Sprung. Die Verhältnisse unterscheiden sich jedoch sonst nicht wesentlich von den geschilderten.

Die Wirksamkeit der beschriebenen Multiplikationsmechanismen kann mit der In-Situ-Verformungstechnik überzeugend qualitativ nachgewiesen werden. In Abbildung 6 ist die Bildung eines Sprunges und die nachfolgende Erzeugung eines Versetzungsdipols wiedergegeben. Die Schraubenversetzung links oben in Abb. 6a zeigt keine Anzeichen für das Vorhandensein eines Sprunges. Während der kurzen Gleitung bis zur Lage in Abb. 6b ist die Versetzung quergeglitten und hat einen Sprung erzeugt. Die Gleitspur, die die Versetzung auf der Oberfläche hinterlassen hat, zeigt durch ihren winkligen Verlauf an, daß sich die Versetzung nicht in einer einheitlichen Gleitebene bewegt hat. Der Sprung, der durch einen sehr kurzen Versetzungsdipol in der Nähe des linken Endes der Versetzung kenntlich ist, gleitet zunächst längs der Versetzung und befindet sich in der Abb. 6c etwa in der Mitte derselben. Hier hakt er sich offenbar durch einen ähnlichen Mechanismus, wie er in [22] beschrieben wurde, fest. Danach wird ein Dipol gezogen, der sich in Abb. 6d während der Belichtung der Aufnahme umorientiert hat. In Abb. 6e hat sich der Dipol verlängert und in Abb. 6f ist er von der Versetzung abgeschnürt worden. Die Abbildung demonstriert deutlich, daß hohe Sprünge innerhalb sehr kurzer Gleitdistanzen gebildet werden können. Dies ist bei einem Agglomerationsmechanismus vieler elementarer Sprünge, wie er in [23] vorgeschlagen wurde, kaum möglich, läßt sich aber durch Quergleiten zwanglos deuten. Damit ist jedoch die Ursache

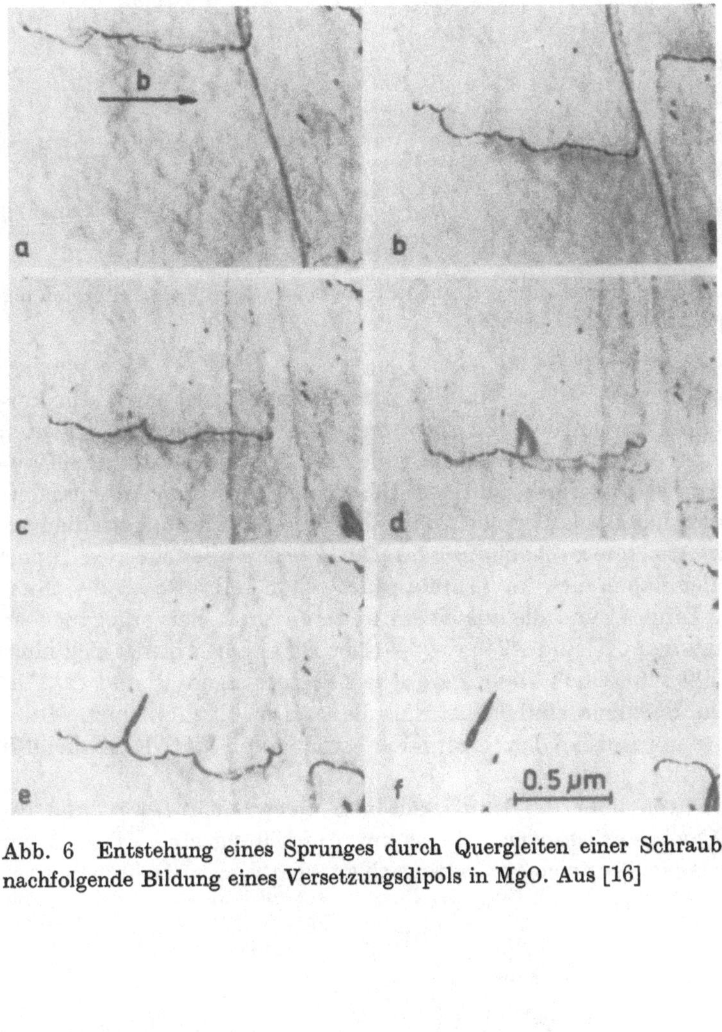

Abb. 6 Entstehung eines Sprunges durch Quergleiten einer Schraubenversetzung und nachfolgende Bildung eines Versetzungsdipols in MgO. Aus [16]

des Quergleitens noch nicht geklärt. Auf diese Frage wird noch eingegangen werden.

Das Aufwinden einer Versetzung an einem Sprung mit $h > h_c$ nach Abbildung 5c ist in Abbildung 7 dargestellt. Der Sprung befindet sich etwa am un-

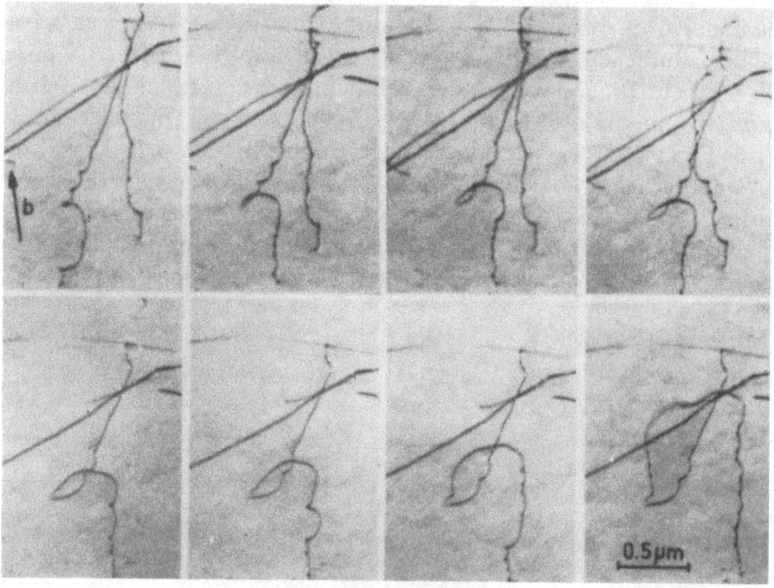

Abb. 7 Aufwinden einer Versetzung zu einem Ring an einem Sprung als Teilprozeß der Versetzungsmultiplikation in MgO. Aus [16]

teren Viertel der linken Versetzung und ist zunächst nur durch einen sehr kurzen Versetzungsdipol erkenntlich. Mit zunehmender Vorwärtsbewegung gleiten die beiden Dipolarme aneinander vorbei. Im letzten Teilbild ist der neue Versetzungsring schon weit geöffnet sichtbar. Abbildung 8 zeigt das Auseinandergleiten von Versetzungen aus Dipolen, die in früheren Verformungsstadien gebildet wurden, in Analogie zu Abbildung 5d. Bei *A* liegen offenbar zwei Dipole übereinander. Hier haben sich im Teilbild *b* der schon teilweise an die Oberfläche geglittene Ring *A'* und die aus einem weiteren Dipol hervorgegangenen isolierten Versetzungen *A''* und *A'''* gebildet. Der Dipol bei *B* öffnet sich langsam und hinterläßt schließlich die beiden neuen Versetzungen *B'* und *B''*. Die hier abgebildeten Beispiele sind keine Einzelfälle. Die beschriebenen Multiplikationsprozesse können bei der In-Situ-Verformung von MgO-Kristallen oft beobachtet werden.

Quantitative Daten über die Häufigkeit von Quergleitprozessen und die Verteilung der Quergleitdistanzen, wie sie zur Aufstellung einer Kinetik der Versetzungsdichte benötigt werden, lassen sich aus den In-Situ-Dehnversuchen

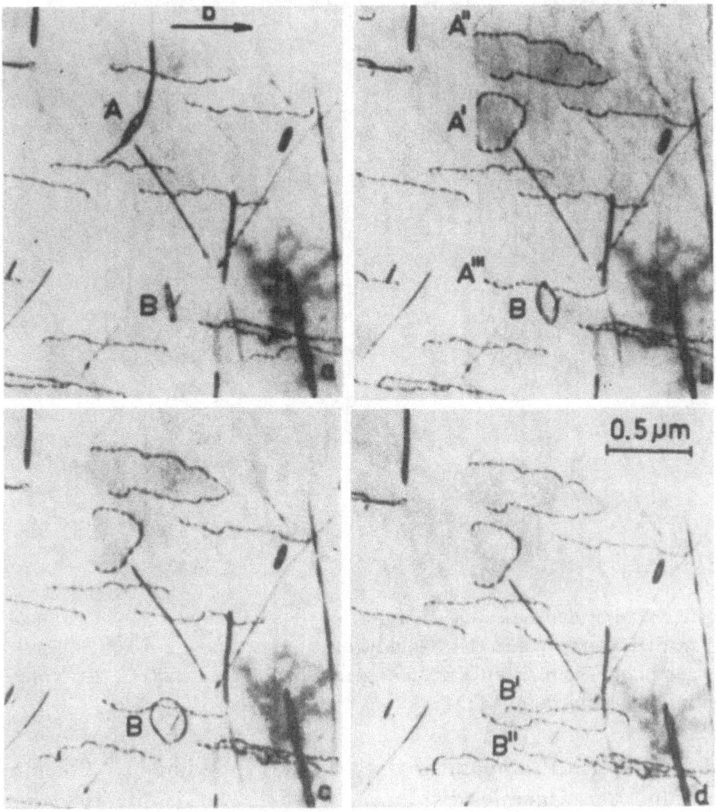

Abb. 8 Bildung neuer Gleitversetzungen in MgO durch Öffnen von Versetzungsdipolen, die in früheren Verformungsstadien gebildet wurden. Aus [16]

nur schwer gewinnen. Hier kann jedoch das Golddekorationsverfahren vorteilhaft eingesetzt werden. Das Überwechseln einer Versetzung von einer Gleitebene in eine andere beim Quergleiten ist im Golddekorationsbild der Gleitstufen direkt sichtbar. Abbildung 9 gibt ein Gleitband wieder, das eine Kleinwinkelkorngrenze kreuzt. Die Versetzungen der Korngrenze sind durch die Endpunkte der schräg nach rechts oben verlaufenden Spaltstufen markiert. Die senkrechten Linien sind die Gleitstufen einzelner Versetzungen. Die Versetzung der linken Gleitstufe wurde blockiert. Danach erzeugte sie unter der Wirkung der Oberflächenkräfte eine Quergleitung nach links. Diese oberflächen-induzierten Quergleitbewegungen wurden in [9] ausführlich beschrieben. Die anderen Versetzungen konnten die Korngrenze passieren, führten jedoch fast alle in deren Spannungsfeld Quergleitungen unterschiedlicher Weite aus. Wie die Abbildung zeigt, können im Golddekorationsbild Quergleitdistanzen gut gemessen werden. Ergebnisse solcher Messungen sind in [10] für die Verformung bei Raumtempe-

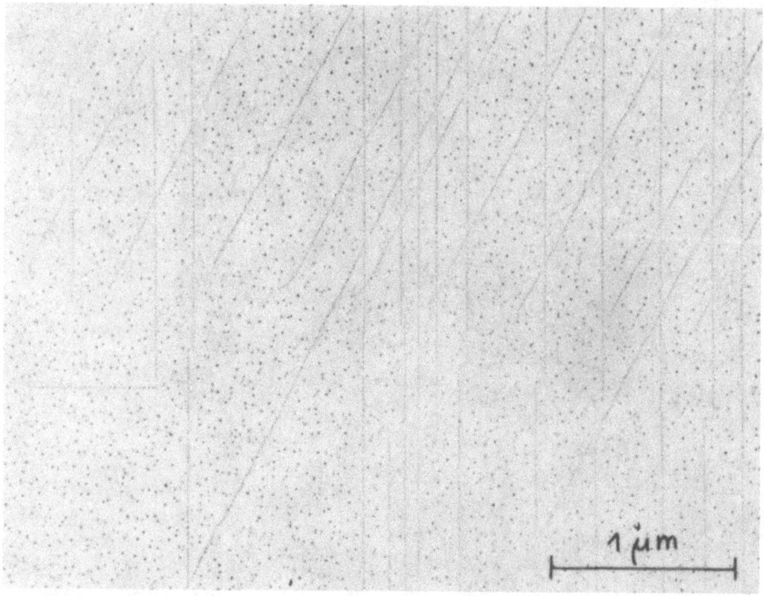

Abb. 9 Abbildung der Gleitstufen eines Gleitbandes, das eine Kleinwinkel-Korngrenze schneidet. Die Gleitstufen wurden mit der Golddekorationsmethode auf einer NaCl-Spaltfläche sichtbar gemacht. Die meisten Versetzungen haben beim Passieren der Korngrenze eine Quergleitung ausgeführt. Aus [11]

ratur und in [11] für Stickstofftemperatur dargestellt. Abbildung 10 gibt ein typisches Histogramm der Quergleitdistanzen wieder. Die Häufigkeit der Quergleitprozesse nimmt mit zunehmender Weite schnell ab. Dieser Verlauf kann mit sehr einfachen statistischen Argumenten gedeutet werden [24]. Die Abhängigkeit der auf die totale Gleitlinienlänge bezogenen Gesamtzahl der beobachteten Quergleitungen von der Orientierung der Druckachse, der Dotierung der Kristalle und der Temperatur ist in Abbildung 11 dargestellt. Diese Dichte D der Quergleitungen nimmt mit zunehmender Dotierungskonzentration zu und ist von der Temperatur und der Orientierung praktisch unabhängig Die mittlere Quergleitdistanz hängt von der Dotierung nur schwach und von der Temperatur ebenfalls nicht ab. Zur Unterstützung einer Deutung der Quergleitparameter wurden zusätzlich die Fließspannungen und die erreichten Gesamtversetzungsdichten gemessen, da sich hieraus Rückschlüsse über das Verhältnis der äußeren zur inneren Spannung ziehen lassen.

Die erzielten Ergebnisse können in Hinsicht auf die Ursachen der Quergleitungen diskutiert werden. Als mögliche Ursachen kommen in Betracht: 1.) innere Spannungen durch Verunreinigungen, 2.) innere Spannungen durch Versetzungen und 3.) geeignete Komponenten der äußeren Spannung. Die erste Möglichkeit scheidet aus, da die Quergleitparameter nicht temperaturabhängig

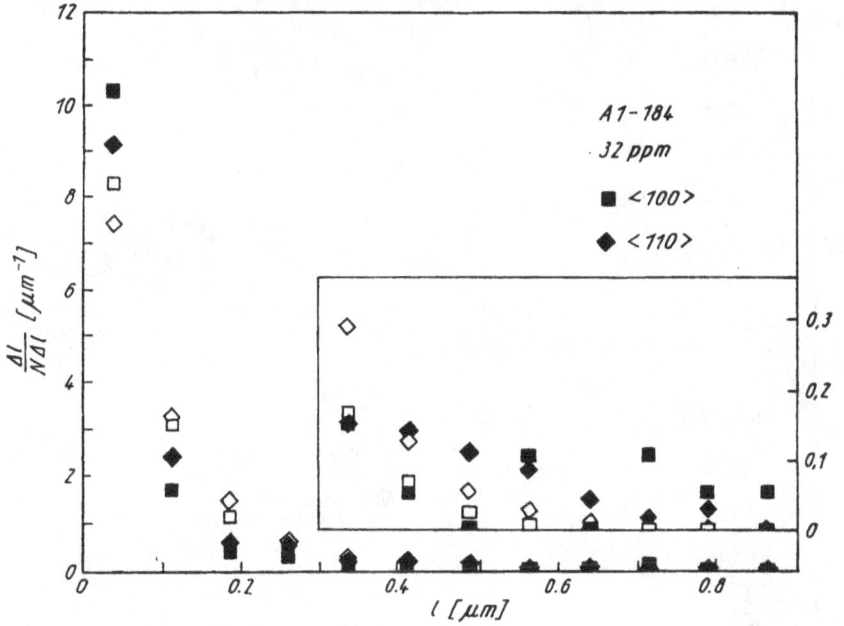

Abb. 10 Häufigkeitsverteilung der Quergleitdistanzen in Gleitbändern auf Oberflächen von bei Raumtemperatur verformten NaCl-Kristallen. $l = \sqrt{2}\,h$ ist die auf der Oberfläche gemessene Quergleitdistanz. ΔN ist die Anzahl von Quergleitungen in einer Größenklasse der Breite Δl und N die Gesamtzahl der ausgewerteten Quergleitungen. Offene Symbole: experimentelle Werte aus [10]: □ ⟨100⟩-Orientierung der Druckachse, ◇ ⟨110⟩-Orientierung. Volle Symbole: Zugehörige theoretische Häufigkeiten nach [24]

sind. Wie eingehende Untersuchungen gezeigt haben (z. B. [25]), erzeugt die direkte Wechselwirkung der Versetzungen mit Verunreinigungen in den verwendeten Kristallen zumindest bei tiefen Temperaturen einen Beitrag zum temperaturabhängigen Anteil der Fließspannung. Es muß dann angenommen werden, daß auch die zu einer Quergleitung führende Wechselwirkung kurzreichender, also temperaturabhängiger Natur ist. Die dritte Möglichkeit entfällt ebenfalls, da die Quergleitparameter praktisch nicht orientierungsabhängig sind. Die in den Quergleitebenen wirkenden Komponenten der äußeren Spannung hängen jedoch stark von der Orientierung der Druckachse ab. Zusätzliche Anzeichen für die Richtigkeit der zweiten Annahme können aus den ergänzenden Messungen gewonnen werden. Die Gesamtversetzungsdichte, die ein Maß für die Größe der inneren Spannungen darstellt, wächst mit der Verunreinigungskonzentration an, d.h., daß die in Abbildung 11 dargestellte Abhängigkeit der Gesamtzahl der Quergleitungen von der Dotierungskonzentration indirekter Natur sein kann. Aus der Gesamtversetzungsdichte läßt sich auch die „Wellen-

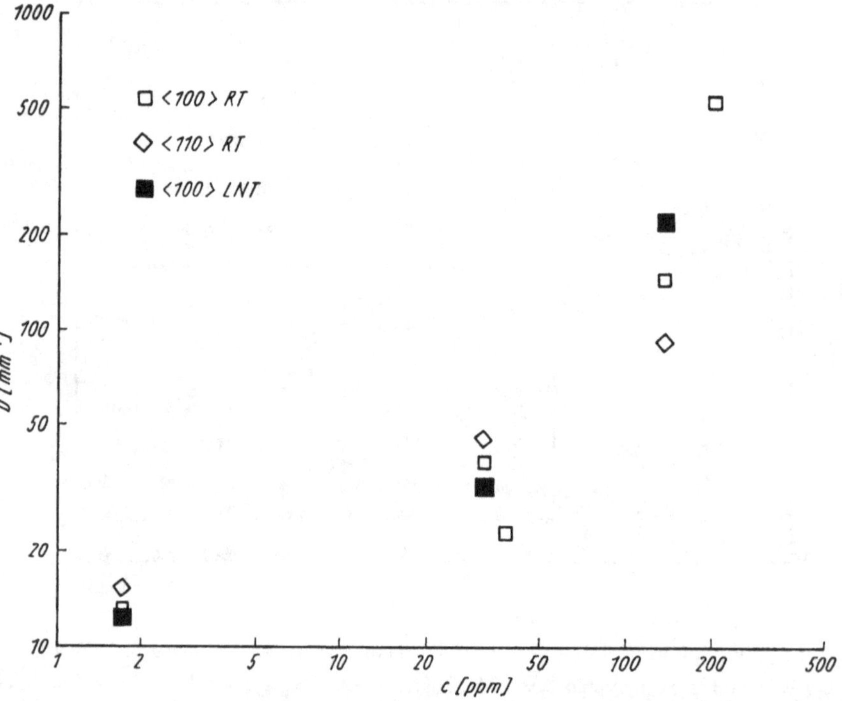

Abb. 11 Abhängigkeit der Gesamtdichte D der Quergleitungen von der Konzentration zweiwertiger Kation-Verunreinigungen in NaCl-Kristallen. D ist die Anzahl der Quergleitungen pro Gesamtlänge der ausgewerteten Gleitlinien. □ ⟨100⟩-Orientierung, Raumtemperatur; ◇ ⟨110⟩-Orientierung, Raumtemperatur; ■ ⟨100⟩-Orientierung, Temperatur des flüssigen Stickstoffs. Aus [11]

länge" der inneren Spannungsfelder abschätzen. Diese Wellenlänge stimmt recht gut mit dem aus Abbildung 11 berechenbaren Durchschnittsabstand der Quergleitungen überein.

Von den Quergleitparametern kann direkt auf die Häufigkeit der Versetzungsmultiplikation geschlossen werden. Der Bruchteil der Quergleitungen, der zu einer Multiplikation führt, ist durch die Fläche I_c unter der Verteilung für die Quergleitdistanzen (Abb. 10) gegeben, die rechts von der kritischen Distanz h_c nach Gl. (6) liegt. Daraus ergibt sich die pro Multiplikation überstrichene Fläche zu $A = L/(D\ I_c)$, wobei L die mittlere Länge der quergeglittenen Versetzungssegmente ist. Diese Größe kann aus den vorliegenden Experimenten nicht entnommen und nur abgeschätzt werden. Für einen NaCl-Kristall mit 32 ppm zweiwertigen Kationverunreinigungen ergeben sich folgende typische Werte für Raumtemperatur: $\tau = 1$ N/mm², $h_c = 0{,}5$ µm, $D = 40$/mm, $I_c = 1{,}7 \cdot 10^{-2}$ und $L < 0{,}1$ mm. Damit liegt die pro Multiplikation überstrichene

Fläche im Bereich eines Zehntel Quadratmillimeters. Diese Fläche muß kleiner oder gleich der von jeder Gleitversetzung insgesamt überstrichenen Fläche sein, da sich die Gleitversetzungen mindestens selbst reproduzieren müssen. Nach Aussage der Golddekorationsversuche und anderer Gleitstufenuntersuchungen [26] liegen die von den Gleitversetzungen überstrichenen Flächen im Bereich der hier vorliegenden kleinen Dehnungen in der Größenordnung eines Quadratmillimeters, in guter Übereinstimmung mit der Multiplikationshäufigkeit. Mit zunehmender Dotierung nimmt wegen der Zunahme der effektiven Spannung die kritische Quergleitdistanz ab. Außerdem wächst die Gesamtdichte der Quergleitungen. Beide Tendenzen führen zu einem Anwachsen der Multiplikationshäufigkeit und folglich auch zu einer Zunahme der Gleitversetzungsdichte. Aussagen über die Gleitversetzungsdichte erhält man auch aus Messungen des Vorfaktors $\dot{\varepsilon}_0$ der Ratengleichung Gl. (2), der als wichtigste variable Größe die Gleitversetzungsdichte ϱ_m enthält. Die Werte für die Freie Aktivierungsenthalpie ΔG aus Geschwindigkeits- und Temperaturwechselversuchen nach den Gleichungen (3) ... (5) zeigen eine Zunahme der Gleitversetzungsdichte im hier betrachteten Konzentrationsbereich um $1^1/_2$ Zehnerpotenzen an [27].

Die vorliegenden Ergebnisse erlauben grundsätzlich eine auf experimentellen Beobachtungen aufbauende quantitative Formulierung der Bildungsrate der Versetzungen in Abhängigkeit von einigen meßbaren Parametern. Der Einbau in eine Kinetik der Versetzungsdichte für den Beginn der Verformung, die mit nur wenigen Annahmen auskommt, steht noch aus.

Versetzungsdynamik

Wie in der Einleitung beschrieben wurde, ist die Versetzungsdynamik, wenn man von sekundären Effekten absieht, im Bereich mittlerer Geschwindigkeiten durch die Abhängigkeit der Versetzungsgeschwindigkeit von der Spannung gegeben. Diese Abhängigkeit kann durch eine Vielzahl von Wechselwirkungsmechanismen der gleitenden Versetzungen mit dem Grundgitter und mit anderen Kristalldefekten bestimmt werden. Mit den in dieser Arbeit angewendeten Methoden ließen sich besonders zwei Mechanismen nachweisen, die Peierlsspannung [28] und die Wechselwirkung mit Punkthindernissen. Die Peierlsspannung kommt dadurch zustande, daß die Versetzungsenergie in bestimmten Gitterrichtungen ausgeprägte Minima aufweisen kann, und daß die bewegten Versetzungen zwischen diesen sogenannten Peierlstälern größere Energiebarrieren überwinden müssen. Die Überwindung erfolgt meist in kleinen Schritten, indem sich kurze Verbindungssegmente zwischen den in Peierlstälern angeordneten Versetzungen, die sogenannten Kinks, längs der Versetzungen verschieben. Bei den In-Situ-Dehnversuchen kann die Wirkung der Peierlsspannung an der Anordnung der Versetzungen in Peierlstälern und durch

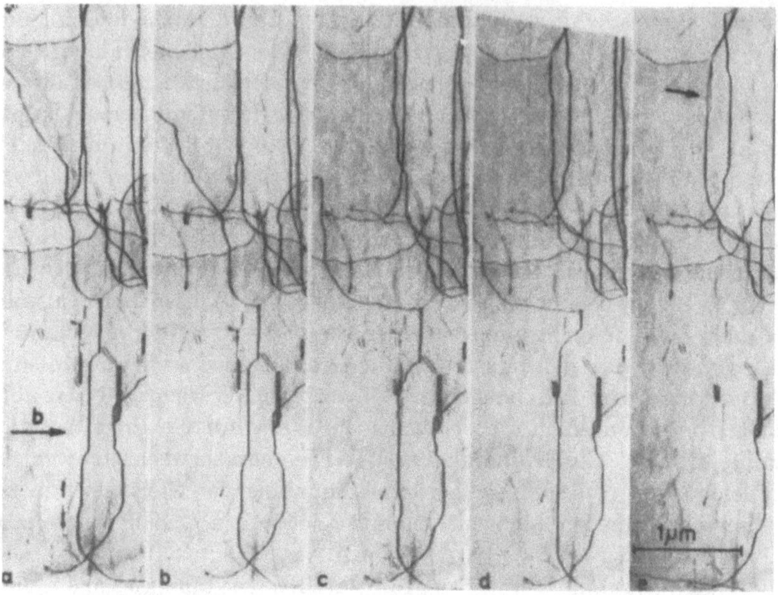

Abb. 12 Unterschiedliche Gestalt von Stufen- und Schraubenversetzungen in einem belasteten MgO-Kristall. Die senkrecht verlaufenden Stufenversetzungen haben sich in Peierlstälern angeordnet und bewegen sich durch Verschieben großer Kinks. Die Bewegung der waagerecht abgebildeten Schraubenversetzungen wird durch Punkthindernisse behindert. Aus [16]

einen dynamischen Reibungswiderstand der Versetzungen bei der Bewegung zwischen anderen Hindernissen beobachtet werden. In Abbildung 12 ist die typische Erscheinungsform von Stufen- und Schraubenversetzungen in MgO-Kristallen bei der Verformung im Elektronenmikroskop wiedergegeben. Während sich die waagerecht verlaufenden Schraubenversetzungen zwischen nicht sichtbaren Hindernissen ausbauchen, haben die Stufenversetzungen lange, nahezu gerade Segmente ausgebildet, die durch große Kinks miteinander verbunden sind. Diese Form wird auch bei der Bewegung beibehalten. Abbildung 13 zeigt das Ergebnis eines Entlastungsexperiments. Im Teilbild *a* sind Schraubenversetzungen dargestellt, die etwa mit der Fließspannung belastet sind. Das Teilbild *b* ist eine Fotomontage des Bildes *a* und des Zustands der gleichen Struktur nach dem Entlasten bis nahezu zur Spannung Null.

Während des Entlastens haben sich die doppelt abgebildeten Segmente zurückbewegt. Das Teilbild *c* zeigt wiederum eine Fotomontage der Zustände direkt nach dem Entlasten und nach einer bestimmten Wartezeit. Es ist sichtbar, daß sich während der Wartezeit noch eine Reihe von Segmenten bewegt hat, die offensichtlich direkt nach dem Entlasten noch nicht ihre Gleichgewichtslagen erreicht hatten. Dieses Verhalten läßt auf das Vorhandensein eines dy-

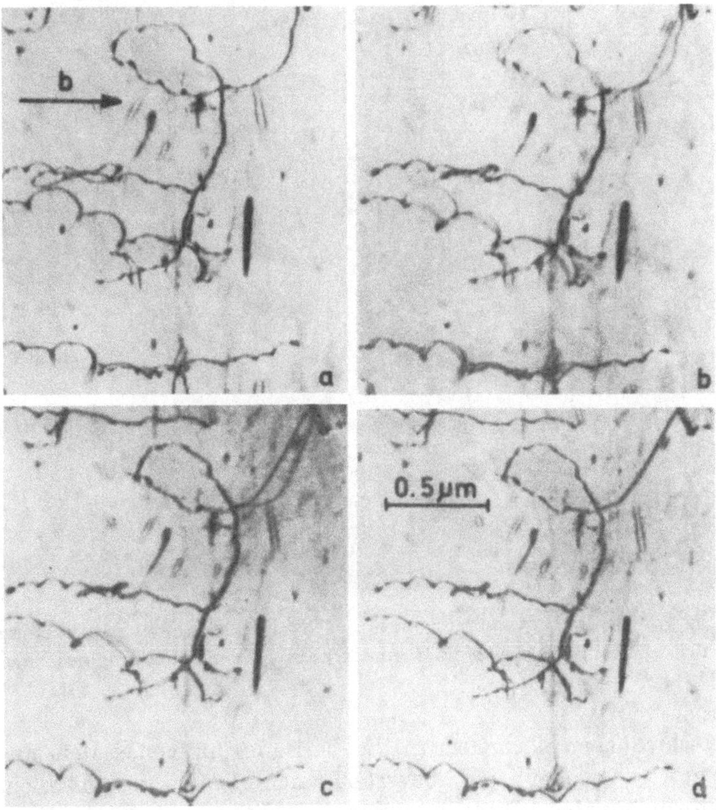

Abb. 13 Entlastungsexperiment an einem MgO-Einkristall. (a) Die Probe ist etwa mit der Fließspannung belastet. Die Segmente zwischen Punkthindernissen, an denen die Schraubenversetzungen festgehalten werden, bauchen sich aus. (b) Fotomontage des Zustands in (a) und direkt nach Entlasten der Probe. Die doppelt abgebildeten Segmente haben sich beim Entlasten zurückbewegt. (c) Fotomontage des Zustands direkt nach dem Entlasten und nach einer Wartezeit von 90 s. Auch ohne Veränderung der Spannung haben sich noch weitere Segmente bewegt. (d) Endzustand. Aus [16]

namischen Reibungswiderstands schließen, der wahrscheinlich durch die Peierlsspannung erklärt werden kann.

Wie bereits bei der Beschreibung von Abb. 12 erwähnt wurde, ist bei Schraubenversetzungen zusätzlich zur Peierlsspannung die Behinderung der Bewegung durch Punkthindernisse sichtbar. Ein weiteres Beispiel gibt Abbildung 14 wieder. Dieses Bild zeigt sehr deutlich das Ausbauchen der Versetzungssegmente zwischen den Hindernissen und die Vorwärtsbewegung der Versetzungen durch Überwinden einzelner Hindernisse. Die beiden Versetzungen haben einen entgegengesetzten Burgersvektor und bewegen sich deshalb aufeinan-

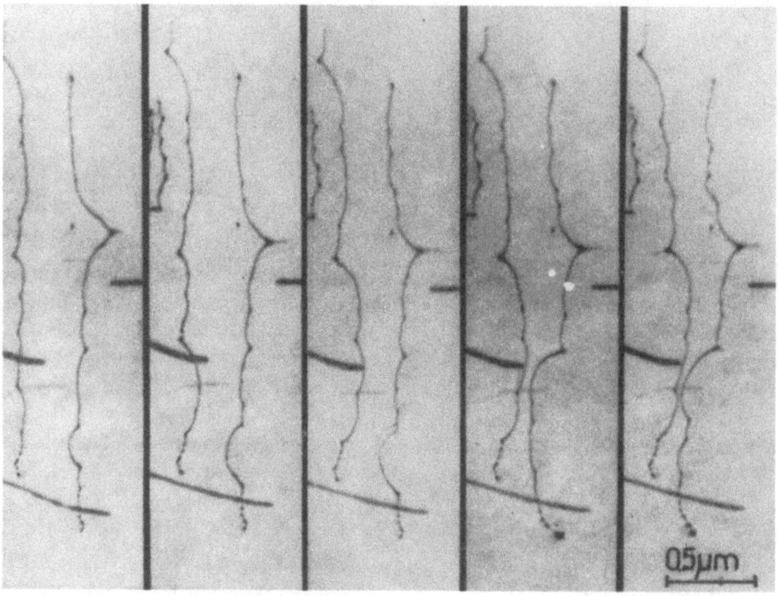

Abb. 14 Bewegung von Schraubenversetzungen durch lokalisierte Hindernisse in einem MgO-Kristall. Im dritten Teilbild hat sich ein Segment während der Belichtung des Negativs bewegt. Aus [42]

der zu. Die unterschiedlichen Mechanismen, die die Bewegung von Stufen- und Schraubenversetzungen kontrollieren, bewirken auch etwas unterschiedliche Versetzungsgeschwindigkeiten. Diese kommen in der langgestreckten Form der Versetzungsringe, wie sie in Abbildung 15 dargestellt ist, zum Ausdruck.

Die vorgestellten Abbildungen machen deutlich, daß mit der In-Situ-Verformungstechnik im Höchstspannungs-Elektronenmikroskop die Bewegungsvorgänge der Versetzungen qualitativ untersucht und in bestimmten Fällen auch die Reibungsmechanismen identifiziert werden können. Mit den in dieser Arbeit beschriebenen Methoden können jedoch für die Wechselwirkung der Versetzungen mit Punkthindernissen auch wichtige Wechselwirkungsparameter quantitativ bestimmt werden. Bei dem Wechselwirkungsprozeß mit Punkthindernissen können zwei Aspekte unterschieden werden. Zunächst werden die Verhältnisse am individuellen Hindernis betrachtet. In Abbildung 16 ist eine Versetzung gezeichnet, die sich zwischen drei auf einer Geraden in einem konstanten Abstand l angeordneten Hindernissen ausbaucht. Aus dem Linienspannungsmodell der Versetzungen folgt, daß die unter der effektiven Spannung τ^* entstehende Kraft am mittleren Hindernis durch $f^* = \tau^* b\, l$ gegeben ist. Diese Kraft steht im Gleichgewicht mit der vom Hindernis auf die Versetzung ausgeübten Wechselwirkungskraft. Mit Hilfe des Wechselwirkungspotentials (oder der Kraft-Abstands-Kurve) läßt sich ein von der

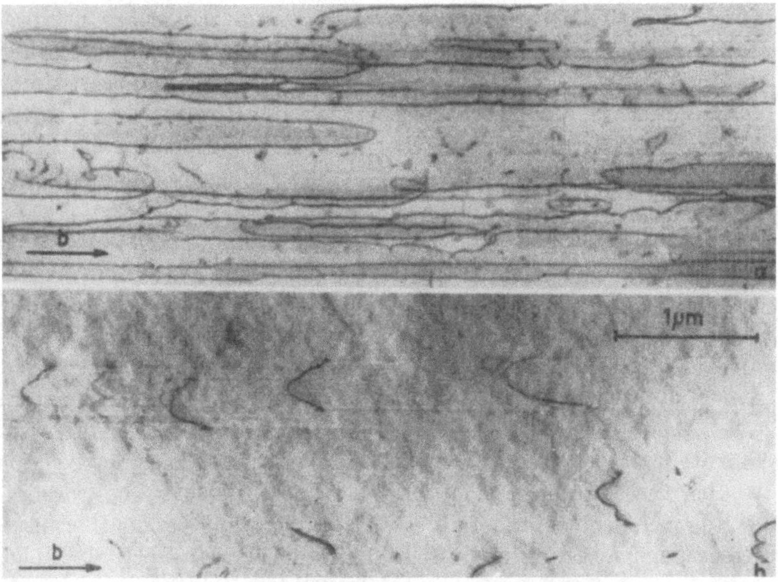

Abb. 15 Form gleitender Versetzungsringe (a) und Stufenversetzungen (b). Im Gegensatz zu allen anderen Versetzungsabbildungen in dieser Arbeit ist hier die Schnittkante zwischen den Gleitebenen (im Bild waagerecht verlaufend) parallel zur Schraubenorientierung. Die Gleitebenennormale schließt mit der Normalen der Bildebene etwa einen Winkel von 70° ein. Die langgezogene Gestalt der Versetzungsringe in (a) entsteht durch die etwas größere Geschwindigkeit der Stufenversetzungen gegenüber den Schraubenkomponenten. Aus [16]

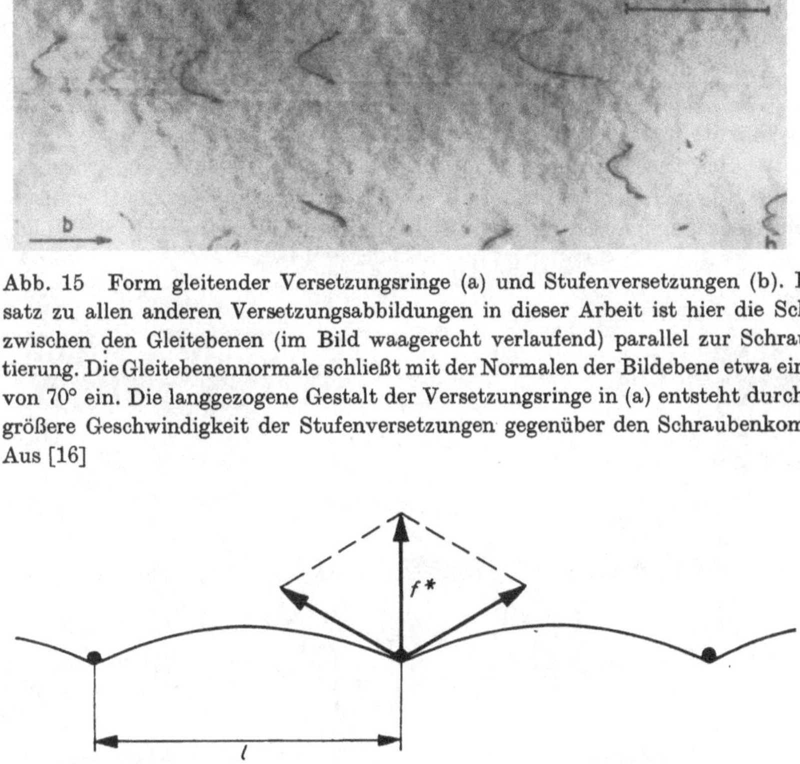

Abb. 16 Schematische Darstellung einer an Punkthindernissen festgehaltenen Versetzung. l Hindernisabstand, f^* aus der Linienspannung der an ein Hindernis angrenzenden Versetzungssegmente entstehende Kraft

angreifenden Kraft abhängender, effektiver Hindernisdurchmesser, die sogenannte Aktivierungsdistanz d, definieren. Die hier am einzelnen Hindernis eingeführten Wechselwirkungsparameter sind im Prinzip mit den in der Einleitung in Gl. (2) enthaltenen Aktivierungsparametern identisch und stellen bei dem betrachteten Wechselwirkungsprozeß deren physikalische Interpretation dar. Dabei wurde jedoch der zweite Aspekt der Wechselwirkung zwischen Versetzungen und Punkthindernissen, nämlich der geometrisch-statistische Charakter dieses Vorgangs, nicht berücksichtigt. Da die Hindernisse im realen Kristall nicht, wie zunächst angenommen, regelmäßig angeordnet sind, sind auch die Abstände zwischen den Hindernissen und die angreifenden Kräfte nicht für alle Hindernisse gleich groß, sondern es müssen Häufigkeitsverteilungen dieser Größen angenommen werden. Diese Verteilungen können in einfachen Fällen aus geschlossenen statistischen Theorien [29, 30] oder Computersimulations-Experimenten [31, 32] theoretisch gewonnen werden. Als Ergebnis dieser Theorien wird wieder eine Arrhenius-Ratengleichung wie Gl. (2) gefunden, jedoch sind die dort auftretenden Aktivierungsparameter nicht mehr mit den am individuellen Hindernis geltenden Wechselwirkungsparametern identisch.

Zur experimentellen Bestimmung der Aktivierungsparameter eignen sich die im Abschnitt über die experimentellen Methoden beschriebenen makroskopischen Verformungsversuche. Sehr detaillierte Daten wurden über die thermisch aktivierte Versetzungsbewegung in NaCl-Einkristallen gewonnen [25]. Einige

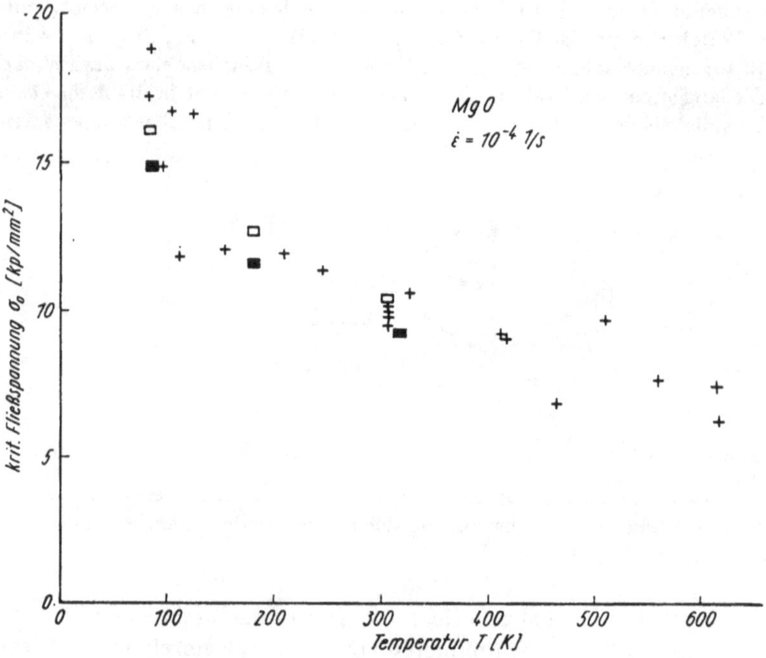

Abb. 17 Temperaturabhängigkeit der kritischen Normalspannung $\sigma_0 = 2\tau_0$ für die Verformung von MgO-Einkristallen. Aus [33]

Ergebnisse von MgO-Kristallen, die zum Vergleich mit Werten aus den In-Situ-Dehnversuchen geeignet sind, sind in den Abb. 17–19 wiedergegeben [33]. Abbildung 17 zeigt den für thermisch aktivierte Verformung charakteristischen Anstieg der kritischen Fließspannung mit abnehmender Temperatur. Die Abhängigkeit der experimentellen Aktivierungsenergie Q_e und der Freien Aktivierungsenthalpie ΔG von der Temperatur ist in Abbildung 18 wiedergegeben.

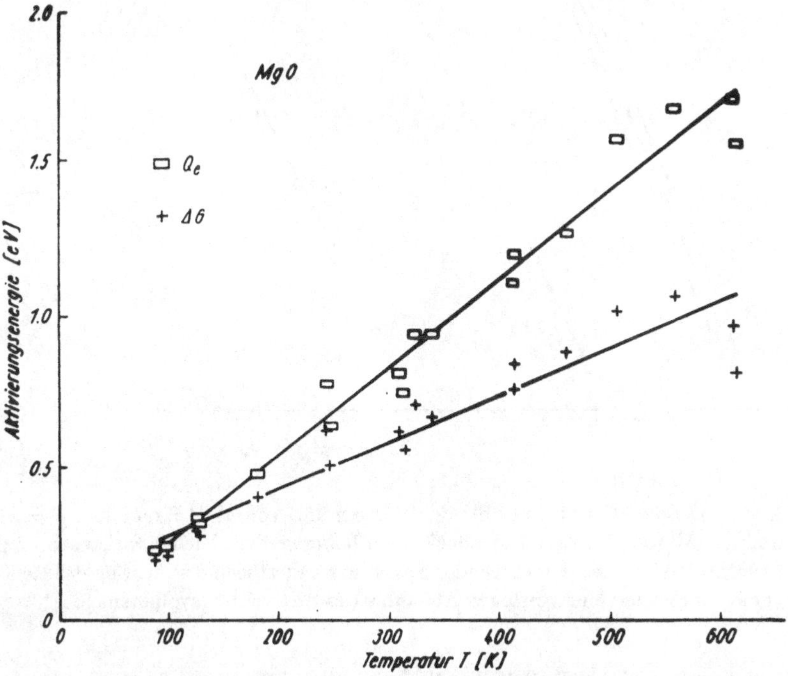

Abb. 18 Temperaturabhängigkeit der experimentellen Aktivierungsenergie Q_e und der Freien Aktivierungsenthalpie ΔG für die Verformung von MgO-Kristallen. Aus [33]

Nach Gl. (2) müßte sich die Temperaturabhängigkeit von ΔG als eine durch den Ursprung gehende Gerade darstellen lassen, wenn der Vorfaktor von der Temperatur unabhängig ist. Diese Bedingung ist etwa erfüllt. Wie in dem methodischen Abschnitt ausgeführt wurde, gibt der Anstieg der Spannungsrelaxationskurven bei geeigneter Auftragung das Aktivierungsvolumen wieder. In Abbildung 19 sind einige Relaxationskurven von MgO-Kristallen in dieser Weise aufgetragen, wobei teilweise mehrere Relaxationsversuche hintereinander bei etwa gleicher Startspannung durchgeführt wurden. Aus dem gleichen Verlauf dieser,,wiederholten" Relaxationsversuche kann darauf geschlossen werden, daß während einer Relaxation wahrscheinlich keine großen Änderungen der Gleitversetzungsdichte oder anderer Parameter stattgefunden haben. In

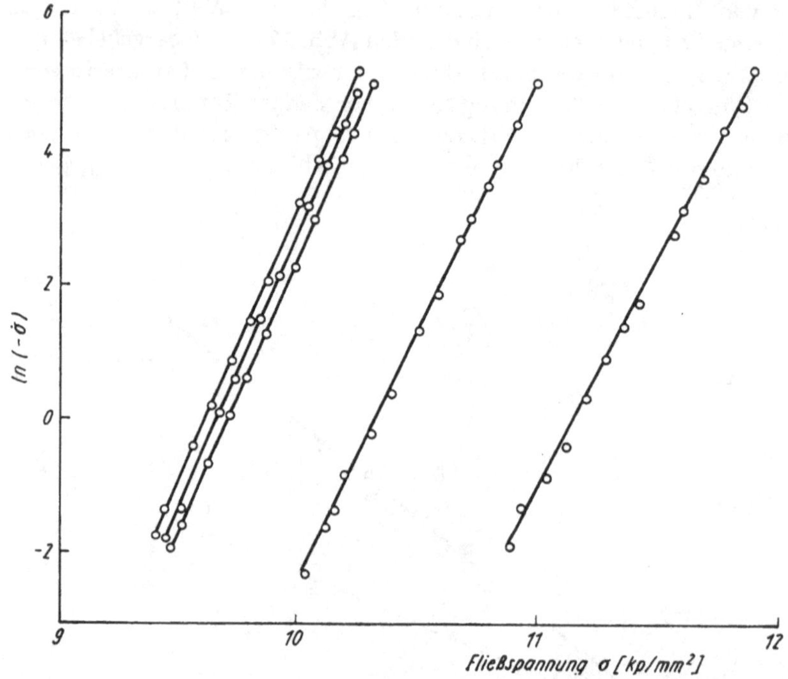

Abb. 19 Spannungsrelaxationskurven bei der Verformung von MgO-Kristallen. $\sigma = 2\tau$ Normalspannung. „Wiederholte" Relaxationskurven bei etwa der gleichen Startspannung zeigen den gleichen Verlauf. Mit zunehmender Spannung ändert sich der Anstieg der Relaxationskurven entsprechend einer geringen Abnahme des Aktivierungsvolumens [34]

anderen Substanzen, z. B. NaCl-Kristallen, ist diese Bedingung nicht erfüllt, was zu einer erheblichen Erschwerung der Interpretation der Meßdaten führt. Wie Abbildung 19 demonstriert, sind die Relaxationskurven in MgO-Kristallen nur sehr wenig gekrümmt. Das bedeutet, daß das Aktivierungsvolumen im betrachteten Spannungsbereich im Gegensatz zu anderen Materialien nur sehr wenig von der Spannung abhängt. Faßt man diese Ergebnisse und weiteres experimentelles Material [34] zusammen, so kann man folgern, daß die Verformung in den verwendeten MgO-Kristallen sehr wahrscheinlich thermisch-aktiviert erfolgt, daß die Interpretation der Meßwerte wahrscheinlich nicht durch große Änderungen des Vorfaktors der Ratengleichung erschwert wird, daß jedoch das Wechselwirkungspotential nicht durch das meist anwendbare Fleischerpotential [35] beschrieben werden kann. Zusätzlich zu diesen allgemeinen Aussagen können für bestimmte Verformungsbedingungen die Aktivierungsparameter angegeben werden. Auf diese numerischen Werte wird am Schluß des Artikels noch einmal eingegangen werden.

Die schon erwähnten statistischen Daten zur Hindernisüberwindung, das sind die Häufigkeitsverteilungen des Hindernisabstands, der an den Hindernissen angreifenden Kraft und der effektiven Spannung, lassen sich aus den In-Situ-Dehnversuchen gewinnen. Hierzu mußte eine Methode zur Auswertung der elektronenmikroskopischen Aufnahmen der an Hindernissen verankerten Versetzungen entwickelt werden. Die Methode [36] beruht auf einem Vergleich der elektronenmikroskopisch beobachteten Form der Segmente mit dem nach dem Linienspannungsmodell der Versetzungen berechneten Verlauf. In diesem Modell bleibt der Einfluß, den die Nachbarsegmente auf das betrachtete Segment ausüben, unberücksichtigt. Im hier angewendeten elastisch-isotropen Fall stellen die Versetzungsringe Ellipsen dar. Abbildung 20 gibt die für MgO-

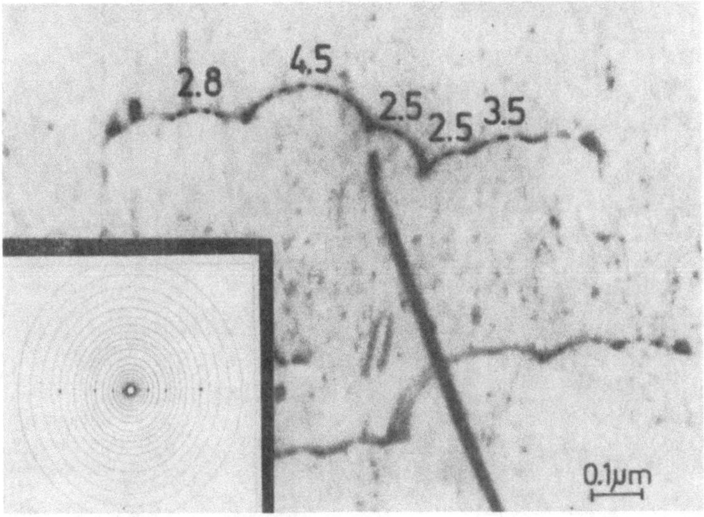

Abb. 20 Aus dem Linienspannungsmodell der Versetzungen berechnete Form der Versetzungssegmente unter Spannung. Kleiner werdende „Radien" entsprechen einer Zunahme der effektiven Spannung. Die gestrichelten Linien in der elektronenmikroskopischen Aufnahme zeigen die Übereinstimmung der berechneten Form mit der Gestalt der Segmente in MgO-Kristallen [36]

Kristalle berechnete Form in der bei den In-Situ-Versuchen verwendeten Projektion der Gleitebene für unterschiedliche Spannungen wieder. Die gestrichelten Linien in der elektronenmikroskopischen Aufnahme demonstrieren, wie die berechneten Bögen mit den abgebildeten Versetzungssegmenten übereinstimmen. Zur Vermessung der Versetzungsverläufe wurden die berechneten Versetzungsringe als transparente Folie an dem Meßkopf eines digitalen Koordinatenmeßgerätes befestigt. Die elektronenmikroskopischen Aufnahmen wurden stark vergrößert auf den Schirm des Meßgerätes projiziert. In einer festen

Meßfolge wurden dann jeweils die Koordinaten eines Hindernisses (das ist die Spitze zwischen zwei ausgebauchten Segmenten) aufgenommen, danach wurde das angrenzende Segment mit einem Ring der Meßschablone zur Deckung gebracht und damit der Mittelpunkt des Segmentes festgelegt und vermessen, usw. Die auf Lochstreifen ausgegebenen Daten wurden mit einem Kleinrechnersystem bearbeitet. Der Rechner berechnet und speichert die gewünschten Parameter (Hindernisabstand, Kraft am Hindernis und effektive Spannung) und steuert gleichzeitig einen Schreiber, der die vermessene Form der Versetzungslinie rekonstruiert. Der rekonstruierte Verlauf kann mit den originalen Versetzungsabbildungen verglichen und die Güte der Ablesung eingeschätzt werden. Die Abbildung 21 zeigt als Beispiel zwei Versetzungslinien (*D*) und die vom Rechner rekonstruierte Form (*C*).

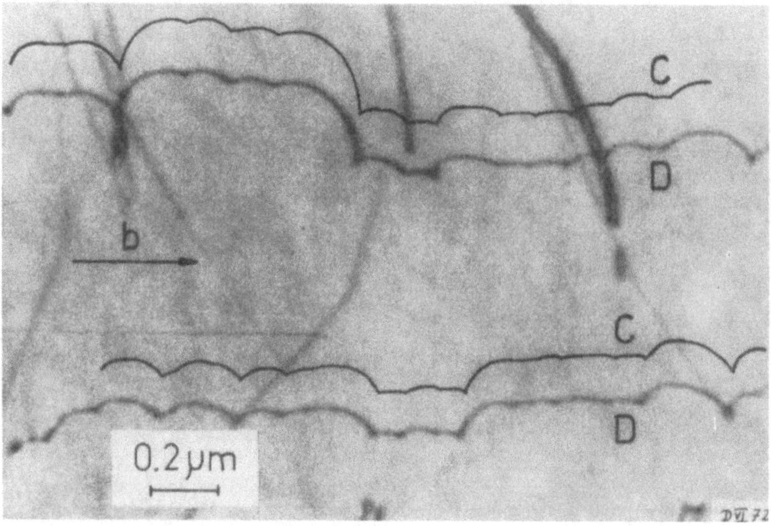

Abb. 21 Vergleich des aus Messungen rekonstruierten Verlaufs von Versetzungslinien (C) und der originalen elektronenmikroskopischen Abbildung (D). Aus [36]

Mit dem beschriebenen Meßverfahren wurde eine Reihe von elektronenmikroskopischen Aufnahmen ausgewertet. Die Ergebnisse sind in den Abbildungen 22 bis 24 dargestellt. Abbildung 22 zeigt die Häufigkeitsverteilung des Hindernisabstands. Diese Verteilung entspricht etwa den theoretischen Erwartungen, wie bereits anhand einer früheren manuellen Auswertung gezeigt worden war [37]. Abbildung 23 gibt die Verteilung der effektiven Spannungen wieder. Die dort aufgetragene Größe *S* ist der reziproke Wert der großen Halbachse der zum Anpassen verwendeten Ellipsen und ist bis auf einen Maßstabsfaktor und ein schwach (logarithmisch) vom Hindernisabstand abhängendes Glied mit der effektiven Spannung identisch. Die große Breite dieser Verteilung läßt sich sehr wahrscheinlich nicht nur durch die unterschiedlichen inneren Spannungen erklären. Hier muß auch die Wechselwirkung mit den benachbarten Versetzungssegmenten berücksichtigt werden. Für einen Vergleich der experimentellen Daten mit den Ergebnissen der statistischen Theorien ist die in Abbildung 24 gezeigte Verteilung der an den Hindernissen angreifenden Kräfte [38] am aussagekräftigsten. Der dort abgebildete Verlauf der auf die doppelte Linienenergie normierten Kräfte F läßt sich nicht mit der Anwesenheit eines einzigen Hindernistyps erklären. Die Versetzungsbewegung erfolgt hier sicherlich durch ein Spektrum von mindestens zwei Hindernisarten. Eine detaillierte Diskussion der Verteilungskurven steht noch aus.

Zusätzlich zu den Verteilungen der Wechselwirkungsparameter können auch deren Mittelwerte berechnet werden. In Abbildung 25 ist die Abhängigkeit der Mittelwerte von der außen an der Probe angreifenden Spannung aufgetragen. Die Abbildung enthält auch den oben nicht diskutierten Angriffswinkel α der Versetzungssegmente an den Hindernissen. Er steht mit der normierten Kraft F in enger Beziehung. Alle vier Größen zeigen die erwartete Spannungs-

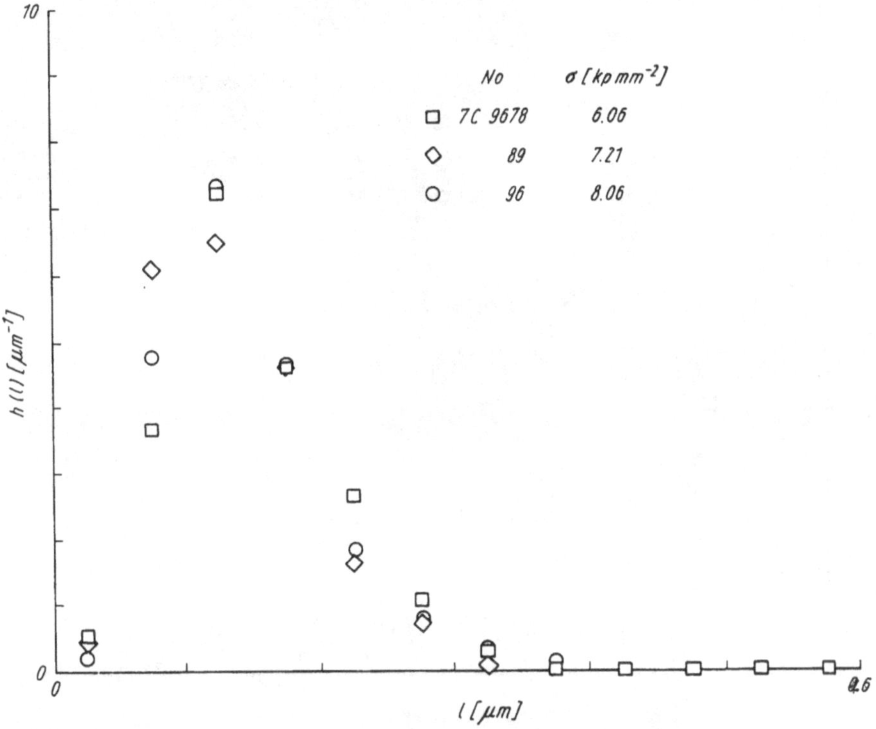

Abb. 22 Häufigkeitsverteilung des Hindernisabstands l in MgO-Kristallen. $h(l)$ ist die analog zu Abb. 10 definierte Häufigkeit. Die drei unterschiedlichen Symbole entsprechen den oben im Bild angegebenen äußeren Normalspannungen an der Probe

abhängigkeit. Der Angriffswinkel, die Kraft und die effektive Spannung nehmen mit zunehmender äußerer Spannung zu, während der Hindernisabstand abnimmt. Die Abnahme entsteht dadurch, daß die Versetzungen mit zunehmender Spannung durch verstärktes Ausbauchen mehr Hindernisse berühren [39]. Die mikroskopisch ermittelten Wechselwirkungsparameter können mit den Aktivierungsparametern aus den makroskopischen Verformungsversuchen und mit Daten, die aus der Spannungsabhängigkeit der Versetzungsgeschwindigkeit gewonnen wurden [40], verglichen werden. Die Ergebnisse sind in Tabelle 1 aufgeführt [33]. Die Tabelle enthält neben den zum Vergleich geeigneten Werten auch einige Daten, die durch Zusammenfassung von Werten aus verschiedenen Spalten berechnet wurden. Wie die Tabelle zeigt, stimmen die makroskopisch und die aus der Versetzungsgeschwindigkeit bestimmten Werte gut überein. Diskrepanzen ergeben sich besonders bei der effektiven Spannung und der an den Hindernissen angreifenden Kraft bei den In-Situ-Experimenten. Diese Werte sind sehr hoch. Der Grund liegt zum Teil in einer Strahlenverfestigung, die bei den In-Situ-Experimenten durch den abbildenden Elektronen-

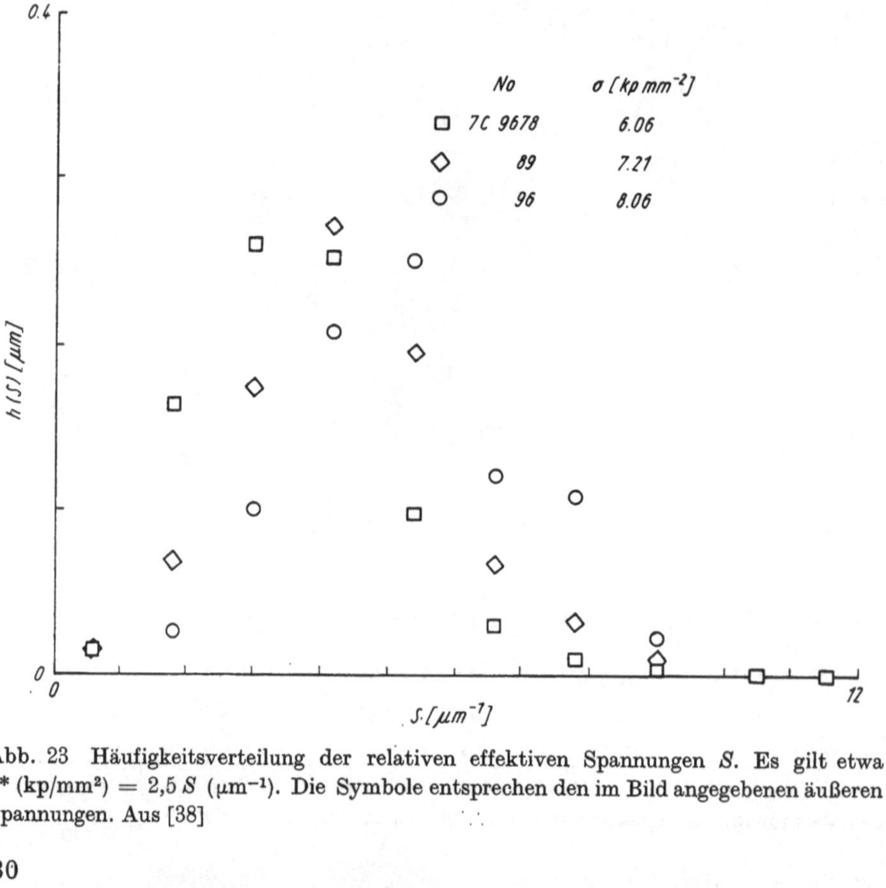

Abb. 23 Häufigkeitsverteilung der relativen effektiven Spannungen S. Es gilt etwa τ^* (kp/mm²) = 2,5 S (µm⁻¹). Die Symbole entsprechen den im Bild angegebenen äußeren Spannungen. Aus [38]

strahl auftritt und bereits im Abschnitt über die Methoden beschrieben wurde. Es ist jedoch relativ sicher, daß die Strahlenverfestigung nicht die einzige Ursache für die hohen effektiven Spannungen bei den In-Situ-Versuchen im Höchstspannungsmikroskop ist, sondern daß dabei noch weitere Effekte beteiligt sind. Unabhängig von dieser Unstimmigkeit ergibt sich durch die Zusammenfassung der drei Methoden eine seh gute Charakterisierung der bei der Versetzungsbewegung in MgO-Kristallen wirksamen Hindernisse. Die Hindernisüberwindung erfolgt mit großer Sicherheit thermisch aktiviert. Die lokalisierten Hindernisse haben eine Konzentration von etwa 10 ppm. Es gibt sehr wahrscheinlich zwei Typen lokalisierter Hindernisse, deren Stärken sich merklich unterscheiden. Die mittlere Hindernisstärke ist sehr hoch. Sie entspricht einer totalen Aktivierungsenergie von 3,2 eV oder etwas weniger. Die Hindernisse haben bei normalen Verformungsraten einen effektiven Durchmesser, der kleiner als ein Burgersvektor ist. Diese Größe ist sehr gut mit der thermisch aktivierten Hindernisüberwindung verträglich.

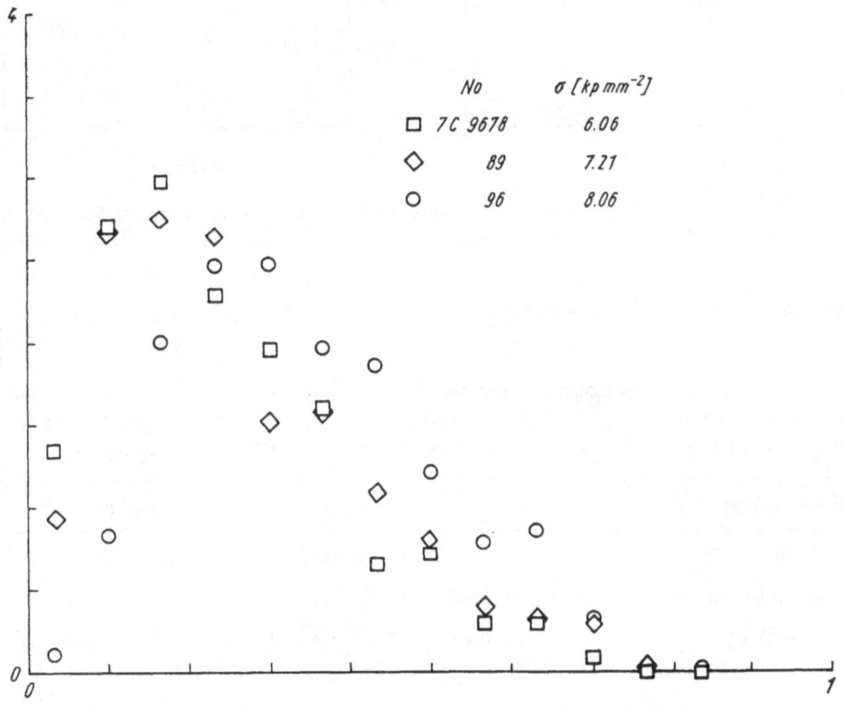

Abb. 24 Häufigkeitsverteilung der an den Hindernissen angreifenden Kräfte F in MgO-Kristallen. Die Kräfte sind auf die doppelte Linienenergie der Stufenversetzungen normiert. Die Symbole entsprechen den angegebenen äußeren Spannungen. Aus [38]

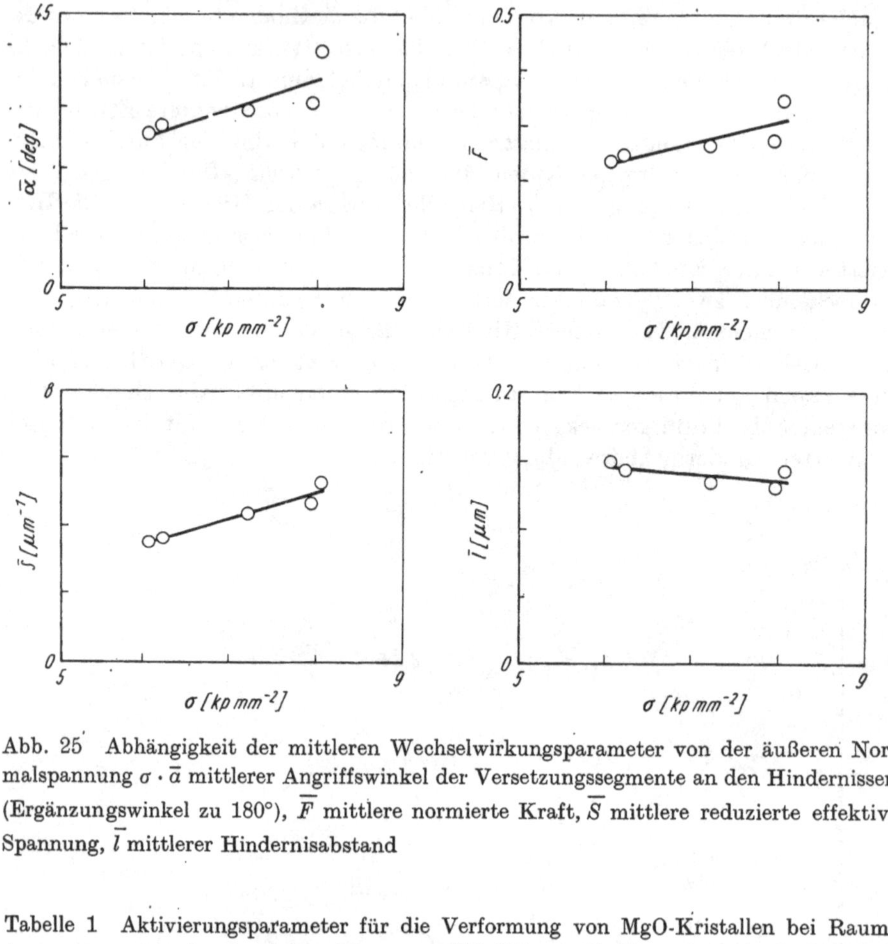

Abb. 25 Abhängigkeit der mittleren Wechselwirkungsparameter von der äußeren Normalspannung σ · $\bar{\alpha}$ mittlerer Angriffswinkel der Versetzungssegmente an den Hindernissen (Ergänzungswinkel zu 180°), $\bar{F}$ mittlere normierte Kraft, $\bar{S}$ mittlere reduzierte effektive Spannung, $\bar{l}$ mittlerer Hindernisabstand

Tabelle 1 Aktivierungsparameter für die Verformung von MgO-Kristallen bei Raumtemperatur aus makroskopischen Messungen [33, 34], aus der Versetzungsgeschwindigkeit [40] und aus In-Situ-Dehnversuchen im Höchstspannungs-Elektronenmikroskop

makroskopisch	aus Vers.-Geschw.	aus In-Situ-Ver.	berechnet
$v = 330\ b^3$	$v = 230\ b^3$	$l = 440\ b$	$d \cong 0{,}75\ b$
$\tau = 4{,}9$ kp/mm^{-2}	$\tau = 4{,}3$ kp/mm^2	$\tau^* = 11{,}5$ kp/mm^2	$v \cdot \tau = 2{,}6$ eV
$\Delta G = 0{,}62$ eV	$\Delta G = 0{,}6 \ldots 0{,}8$ eV	$f^* = 3{,}9 \cdot 10^{-10}$ kp	$(v \cdot \tau^* = 6{,}1$ eV)
			$(d \cdot f^* = 5{,}3$ eV)
			$\Delta F^* \leqq 3{,}2$ eV[1]

[1] ΔF^* wurde unter Verwendung der makroskopisch bestimmten v und τ berechnet. Da τ anstelle von τ^* verwendet wurde, stellt der Wert für ΔF^* eine obere Grenze dar. Die hohen effektiven Spannungen aus den In-Situ-Versuchen wurden nicht berücksichtigt.

Es war das Ziel der vorliegenden Arbeit, an einigen Beispielen die Möglichkeiten für die Untersuchung von Wechselwirkungsprozessen bewegter Versetzungen zu zeigen. Obwohl bei In-Situ-Dehnversuchen im Höchstspannungsmikroskop beträchtliche methodische Probleme auftreten können, ist diese Methode doch oft zu einer Identifikation der auftretenden Prozesse geeignet. Diese Identifikation ist bei den indirekten Methoden, die in stärkerem Maße quantitativen Charakter haben, oft nicht sicher möglich. Wie gezeigt worden ist, lassen sich auch aus In-Situ-Versuchen quantitative Daten gewinnen, was in Zukunft mit größerer Breite genutzt werden muß. Eine Ergänzung und ein Vergleich mit anderen Methoden ist jedoch fast immer sinnvoll und notwendig. Die In-Situ-Verformungstechnik kann auch auf andere Probleme der Werkstoffestigkeit angewendet werden, wie die des Bruches. Ein Beispiel wird in [41] gegeben.

Die hier vorgestellten Experimente wurden an MgO- und NaCl-Kristallen durchgeführt, da diese Kristalle gegenüber anderen Werkstoffen bedeutende methodische Vorteile aufweisen. Sie liegen unter anderem in der großen Transparenz für optische Strahlung aber auch für den Elektronenstrahl und haben zu einem sehr hohen Wissensstand über die Defektstruktur geführt. Da bei der Untersuchung der mechanischen Eigenschaften auf diesen Stand aufgebaut werden kann, läßt sich eine relativ große Vertiefung der Ergebnisse erreichen.

Der Autor dankt sehr herzlich Herrn Prof. Dr. H. Bethge für die Anregung zu den Arbeiten am MgO, für die stetige Förderung der Untersuchungen und die kritische Durchsicht des Manuskripts.

Literatur

[1] Hart, E. W., Li, C. Y., Yamada, H. und Wire, G. L., In: Constitutive equations in plasticity, Hrsg.: A. S. Argon; MIT, Cambridge, Mass., 1975, S. 149.

[2] Kocks, U. F.: J. Engng. Materials and Techn. **98** (1976), S. 76.

[3] Orowan, E.: Proc. Phys. Soc. **52** (1940), S. 8.

[4] Zener, C., In: Imperfections in nearly perfect crystals, Hrsg.: W. Shockley; Wiley & Son, New York 1952, S. 289; Vineyard, G.: J. Phys. Chem. Solids **3** (1957), S. 121.

[5] Schoeck, G.: Phys. Status Solidi **8** (1965), S. 499.

[6] Seeger, A.: Kristallplastizität. In: Handbuch der Physik, Hrsg.: S. Flügge, Springer, Berlin 1958, S. 1.

[7] Bassett, G. A.: Philos. Mag. **3** (1958), S. 1042.

[8] Bethge, H.: Phys. Status Solidi **2** (1962), S. 3 und 775.

[9] Appel, F. und Messerschmidt, U.: Phys. Status Solidi **35** (1969), S. 1003.

[10] Appel, F., Grube, H., Messerschmidt, U. und Smirnov, B. I.: Crystal Lattice Defects **7** (1977), S. 65.

[11] Appel, F., Klyavin, O. V., Messerschmidt, U., Nikiforov, A. V. und Schmidt, V.: Wird eingereicht Crystal Lattice Defects.

[12] BETHGE, H. und MESSERSCHMIDT, U.: Phys. Status Solidi **30** (1968), S. K 87.
[13] MESSERSCHMIDT, U.: Science of Ceramics **5** (1970), S. 319.
[14] MESSERSCHMIDT, U. und APPEL, F.: Kristall Techn. **14**, (1979), S. 1245.
[15] MESSERSCHMIDT, U. und APPEL, F.: Ultramicroscopy **1** (1976), S. 223.
[16] APPEL, F., BETHGE, H. und MESSERSCHMIDT, U.: Phys. Status Solidi (a) (1977), S. 61.
[17] MARTIN, J. L. und KUBIN, L. P.: Ultramicroscopy **3** (1978), S. 215.
[18] APPEL, F. und MESSERSCHMIDT, U.: Kristall Tech. **14** (1979), Nr. 11, und unveröffentlichtes Material.
[19] KOEHLER, J. S.: Phys. Rev. **86** (1952), S. 52.
[20] OROWAN. E., In: Dislocations in metals, Amer. Inst. of Mining and Metallurgical Engns. 1954, S. 103.
[21] JOHNSTON, W. G. und GILMAN, J. J.: J. Appl. Phys. **31** (1960), S. 632.
[22] MESSERSCHMIDT, U.: Phys. Status Solidi **26** (1968), S. 701.
[23] MESSERSCHMIDT, U.: Phys. Status Solidi **41** (1970), S. 549 und **48** (1971), S. 781.
[24] WIEDERSICH, H.: J. Appl. Phys. **33** (1962), S. 854.
[25] APPEL, F.: Phys. Status Solidi (a) **25** (1974), S. 607 und (a) **31** (1975), S. 615.
[26] MATUCHA, K. H.: Phys. Status Solidi **26** (1968), S. 291.
[27] APPEL, F.: Wird eingereicht Phys. Status Solidi (a).
[28] GUYOT, P. und DORN, J. E.: Canad. J. Phys. **45** (1967), S. 983.
[29] LABUSCH, R.: J. Appl. Phys. **48** (1977), S. 4550.
[30] LANDAU, A. I.: Phys. Stat. Solidi (a) **30** (1975), S. 659.
[31] MORRIS, J. W. und KLAHN, D. H.: J. Appl. Phys. **45** (1974), S. 2027.
[32] ZAITSEV, S. I. und NADGORNYI, E. M.: Nuclear Metallurgy **20** (1976), S. 707.
[33] BARTSCH, M., MESSERSCHMIDT, U. und APPEL, F.: Kristall Techn. **14** (1979), S. 1339.
[34] BARTSCH, M.: unveröffentlichtes Material.
[35] FLEISCHER, R. L.: Acta metall. **10** (1962), S. 853 und J. Appl. Phys. **33** (1962), S. 2050; BARNETT, D. M. und NIX, W. D.: Acta metall. **21** (1973), S. 1157.
[36] MESSERSCHMIDT, U. und APPEL, F.: Kristall Techn. **14** (1979), S. 1331.
[37] APPEL, F., BETHGE, H. und MESSERSCHMIDT, U.: Phys. Status Solidi (a) **38** (1976). S. 103.
[38] MESSERSCHMIDT, U. und APPEL, F., In: Strength of metals and alloys, Hrsg. P. Haasen, V. Gerold und G. Kostorz, Pergamon, Toronto 1979, S. 1305.
[39] FRIEDEL, J.: Dislocations, Pergamon, Oxford 1964.
[40] VALKOVSKII, S. N. und NADGORNYI, E. M.: Fiz. Tverd. Tela **17** (1975), S. 2603 und 3072,
[41] APPEL, F., MESSERSCHMIDT, U. und KUNA, M.: Phys. Status Solidi (a) **55** (1979), S. 529.
[42] BETHGE, H., MESSERSCHMIDT, U. und APPEL, F., In: Strukturabhängiges mechanisches Verhalten von Festkörpern, Hrsg.: D. Schulze, Akademie-Verlag, Berlin 1979, S. 248.

FSC
www.fsc.org
MIX
Papier | Fördert gute Waldnutzung
FSC® C083411

Kolibri 360 GmbH
Ferdinand-Jühlke-Straße 7
99095 Erfurt, Deutschland
produktsicherheit@kolibri360.de